石油教材出版基金资助项目

石油高等院校特色规划教材

测井岩石物理实验教学指导书

韩学辉　编著

石油工业出版社

内容提要

本书包括测井岩石物理研究中涉及的样品的制备技术和有关岩性、物性、含油性、电性的实验测量技术等基本内容。全书在样品制备技术以外,还包含密度、粒度、碳酸盐含量、孔隙度、渗透率、压汞、饱和度、声速、电阻率、核磁共振、相对渗透率共计 11 项实验测量技术。实验技术部分包括了基本定义、实验目的、实验原理、实验器材、实验步骤、实验注意事项、不确定度分析、数据分析 8 个环节的介绍,涵盖了最新的实验技术研究成果。

本书为高等院校勘查技术与工程专业测井岩石物理、岩石物理教材,也可供相关专业的师生以及从事油气田、煤田勘探开发工作的生产及科研人员参考。

图书在版编目(CIP)数据

测井岩石物理实验教学指导书/韩学辉编著.—北京:石油工业出版社,2020.12

石油高等院校特色规划教材

ISBN 978-7-5183-4406-2

Ⅰ.①测… Ⅱ.①韩… Ⅲ.①岩石测井—岩石物理学—实验—高等学校—教学参考资料 Ⅳ.①P631.8-33

中国版本图书馆 CIP 数据核字(2020)第 234192 号

出版发行:石油工业出版社

(北京市朝阳区安定门外安华里 2 区 1 号楼 100011)
网　　址:www.petropub.com
编辑部:(010)64523697　图书营销中心:(010)64523633
经　　销:全国新华书店
排　　版:三河市燕郊三山科普发展有限公司
印　　刷:北京中石油彩色印刷有限责任公司

2020 年 12 月第 1 版　2020 年 12 月第 1 次印刷
787 毫米×1092 毫米　开本:1/16　印张:12.75
字数:293 千字

定价:29.00 元
(如发现印装质量问题,我社图书营销中心负责调换)
版权所有,翻印必究

前 言

测井岩石物理实验是"测井岩石物理"课程的重要组成部分，相关实验学习和实践的目的有：熟练掌握测井岩石物理实验的基本原理和实验技能；培养学生观察、分析实验现象并独立从事测井岩石物理实验设计的能力；培养学生为开展测井岩石物理研究而独立思考、灵活运用理论知识的能力和素质。

本书是为适应勘查技术与工程专业学科建设、现代实验教学要求和发展需要而编写的，是"测井岩石物理"课程的辅助教材，可以供本科生、研究生的测井岩石物理、岩石物理、油层物理的教学实验使用。在编写的过程中，考虑了以下3点：(1) 特色性，定位和内容编排上突出测井岩石物理在测井响应机理研究和测井解释刻度应用的行业特色；(2) 基础性和规范性，实验技术编写参考目前国内相关岩石物理学、油层物理学以及相关实验的国家和石油天然气行业标准；(3) 新颖性，内容上介绍一些新涌现的实验测量技术(可能是非标的)、设备以及发展趋势。

本书由中国石油大学（华东）韩学辉编著，主要内容包括测井岩石物理研究中涉及的样品制备技术和实验测量技术。具体有：岩样的选取和制备；密度测量；碎屑岩粒度分析；碳酸盐含量分析；孔隙度测量；渗透率测量；高压压汞分析；饱和度分析；流体及岩石纵波、横波声速测量；岩石电阻率测量；岩石核磁共振分析；相对渗透率测量。在每种实验测量技术中，如视密度、真密度实验测量里面包括了基本定义、实验目的、实验原理、实验器材、实验步骤、实验注意事项、不确定度分析、数据分析8个环节的介绍。希望读者在研读指导书和实验操作后基本具备组建实验装置和开展实验测量的能力。同时，在某些部分也增加了一些思考及作业题，希望能够起到引导学生开展探究式学习的作用。

由于水平所限，书中存在缺点和错误在所难免，希望使用者给予批评指正。

韩学辉
2020 年 9 月于青岛

目 录

第1章 测井岩石物理实验及教学基本要求 ········· 1
1.1 测井岩石物理实验 ········· 1
1.2 教学基本要求 ········· 3

第2章 岩样的选取和制备方法 ········· 5
2.1 岩样的选取 ········· 5
2.2 岩样的制备方法 ········· 8
2.3 疏松砂岩的制备方法 ········· 31
2.4 油样、气样、水样制备方法 ········· 33
2.5 温度及压力控制 ········· 40

第3章 视密度、真密度实验测量 ········· 44
3.1 视密度的实验测量 ········· 44
3.2 真密度的实验测量 ········· 50

第4章 粒度分析 ········· 55
4.1 基本定义 ········· 55
4.2 实验目的 ········· 56
4.3 实验原理 ········· 56
4.4 实验器材 ········· 57
4.5 实验步骤 ········· 58
4.6 实验注意事项 ········· 62
4.7 不确定度分析 ········· 62
4.8 数据分析 ········· 63

第5章 碳酸盐含量分析 ········· 71
5.1 基本定义 ········· 71
5.2 实验目的 ········· 71
5.3 实验原理 ········· 71
5.4 实验器材 ········· 72
5.5 实验步骤 ········· 73
5.6 实验注意事项 ········· 73

  5.7 不确定度分析 ··· 73
  5.8 数据分析 ··· 74

第6章 孔隙度实验测量 ·· 76
  6.1 基本定义 ··· 76
  6.2 实验目的 ··· 78
  6.3 实验原理 ··· 79
  6.4 实验注意事项 ··· 87
  6.5 孔隙度实际处理方法 ·· 87

第7章 渗透率实验测量 ·· 89
  7.1 基本定义 ··· 89
  7.2 实验目的 ··· 92
  7.3 实验原理 ··· 92
  7.4 实验器材 ··· 92
  7.5 实验步骤 ··· 93
  7.6 实验注意事项 ··· 94
  7.7 不确定度分析 ··· 94
  7.8 数据分析 ··· 94
  7.9 非稳态法渗透率实验方法——脉冲衰减法 ··· 95

第8章 压汞实验测量 ··· 99
  8.1 基本定义 ··· 99
  8.2 实验目的 ··· 99
  8.3 实验原理 ··· 99
  8.4 样品制备 ··· 100
  8.5 实验器材 ··· 100
  8.6 实验步骤 ··· 101
  8.7 实验注意事项 ··· 106
  8.8 数据分析 ··· 106

第9章 饱和度实验测量 ·· 112
  9.1 基本定义 ··· 112
  9.2 实验目的 ··· 112
  9.3 实验原理 ··· 112
  9.4 实验器材 ··· 114
  9.5 实验步骤 ··· 115
  9.6 实验注意事项 ··· 117
  9.7 数据分析 ··· 117

9.8 油、水饱和度测量新方法 …… 118

第 10 章 声速实验测量 …… **123**

10.1 基本定义 …… 123
10.2 实验目的 …… 125
10.3 实验原理 …… 125
10.4 实验器材 …… 126
10.5 实验步骤 …… 128
10.6 误差来源和不确定度 …… 129
10.7 实验注意事项 …… 130
10.8 数据分析 …… 131
10.9 流体声速测量实验 …… 131
10.10 声速各向异性测量实验 …… 134

第 11 章 电阻率实验测量 …… **138**

11.1 基本定义 …… 138
11.2 实验目的 …… 138
11.3 实验原理 …… 139
11.4 实验器材 …… 140
11.5 盐水电阻率测量 …… 140
11.6 Archie（岩电）参数测量 …… 142
11.7 阳离子交换能力 CEC 实验测量 …… 149

第 12 章 核磁共振实验测量 …… **154**

12.1 基本定义 …… 154
12.2 实验目的 …… 154
12.3 实验原理 …… 154
12.4 样品制备 …… 156
12.5 实验器材 …… 156
12.6 实验步骤 …… 157
12.7 实验注意事项 …… 161
12.8 数据分析 …… 161

第 13 章 相对渗透率实验测量 …… **164**

13.1 基本定义 …… 164
13.2 实验目的 …… 164
13.3 实验原理 …… 165
13.4 样品制备 …… 165
13.5 实验器材 …… 165

13.6 实验步骤 ··· 167
   13.7 实验注意事项 ··· 170
   13.8 数据分析 ··· 170

附录 ··· 176
   附录 A 相关物理化学基础知识 ··· 176
   附录 B 正确记录和计算实验数据 ···································· 183
   附录 C 测量不确定度分析方法 ·· 186
   附录 D 教学实验室安全防护知识 ···································· 190

参考文献 ·· 195

第1章 测井岩石物理实验及教学基本要求

1.1 测井岩石物理实验

1.1.1 测井岩石物理实验的描述性定义

一般可将测井岩石物理实验看作是通过实验测量不同状态（岩性、物性、流体饱和状态、温度、压力、润湿性等）岩石的物理性质，服务于岩石物理性质定量表征（特征描述）、测井响应机理研究（成因机理）和测井解释刻度应用（预测）的实验方法及技术。这里：物理性质包括密度、粒度、碳酸盐含量、孔隙度、渗透率、饱和度、孔隙结构、纵波和横波速度、电阻率、核磁共振、相对渗透率等；测井响应包括自然电位、电阻率、声波时差、补偿密度、核磁共振测井等；测井解释刻度应用方面包括岩性和流体性质的测井定性识别、静态参数（泥质含量、孔隙度、渗透率、饱和度等）的测井定量计算。考虑到勘探和开发对象的复杂性，实验对象包括含油气或不含油气的砾岩、砂岩、石灰岩、泥页岩、火山岩、变质岩等岩石（图1.1）。

(a) 砾岩　　　　　(b) 砂岩　　　　　(c) 石灰岩　　　　　(d) 泥页岩

图 1.1　测井岩石物理研究的各种岩石

1.1.2 测井岩石物理实验的研究方法

测井岩石物理实验的研究方法是物理实验，即物理模拟研究对象的赋存状态（温度、压力）及流体分布（饱和空气、饱和水、饱和油、束缚水、残余油等），通过实验设备建立测量条件并观测其声波速度、电阻率等物理性质，总结物理性质的特征及规律，进而结合其他信息探索其地质和物理成因。图1.2给出了在常规条件（实验室温度、实验室压力）下应用脉冲透射法观测饱和水岩石声速的实验结果，发现声速与孔隙度之间存在负线性相关关系，认为可以用威利时间平均公式解释声速随孔隙度的变化规律。

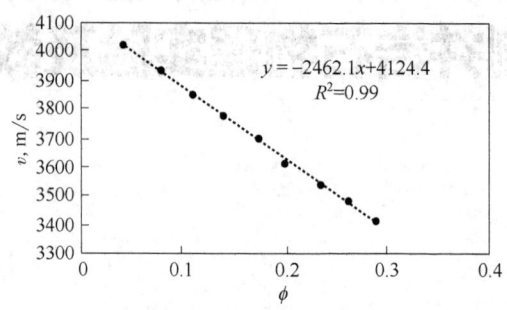

图1.2 某储层常规条件测量声速随孔隙度的变化

岩石物理实验的测量方法和测量装置具有特殊性。如声速测量方法、装置与电阻率测量方法、装置就有明显的不同。此外，岩石物理实验开展的场所是岩石物理实验室（图1.3），部分实验是在井场完成的（如井场上进行的岩心自然伽马、电阻率测量等）。

图1.3 实验室实验测量情境

1.1.3 测井岩石物理实验的意义

测井岩石物理实验是通过实验测量不同状态（岩性、物性、流体饱和状态、温度、压力、润湿性等）岩石的物理性质，服务于岩石物理性质定量表征（特征描述）、测井响应机理研究（成因机理）和测井解释刻度应用（预测）的实验方法及技术。开展测井岩石物理实验的意义有：

（1）测井岩石物理实验是定量表征地质性质和物理性质的直接手段之一。实验观测的密度、粒度、碳酸盐含量、孔隙度、渗透率、饱和度、孔隙结构、纵波和横波速度、电阻率、核磁共振、相对渗透率等物理性质可以定量表征岩石，用于岩石的岩性定名（岩矿组成+结构）以及孔隙度、声波速度、电阻率等各种物理性质的定量描述。

（2）测井岩石物理实验是认识地质体物理性质，创立和选择物理探测方法来识别（区分）地质体的重要依据。例如，实验室岩石核磁共振实验发现储层和非储层、水层和油层之间存在核磁共振信号差异，所以开发了核磁共振测井。

(3) 在将测井信息定量或半定量地转变为地质体信息的过程中，岩石物理实验是建立测井信息与地质体信息转换关系的重要纽带，是地质刻度测井的重要手段和体现。例如，实验室发现可以用地层因素和电阻增大率定量表征水层和含油气层的电阻率性质（Archie 公式），从而有了电测井计算原始含水饱和度的方法。又如，实验发现声速与孔隙度的负线性统计关系（图 1.2），有了应用声波时差（声速的倒数）测井定量计算孔隙度的方法。

(4) 对某些新储层、疑难储层的测井系列的设计和测井资料处理解释，有赖于通过岩石物理实验认识其物理性质特征，分析其地质因素，选择其探测方法组合（测井系列），建立测井信息和地质体信息的关系。例如，基于黏土附加导电造成低阻油层的测井响应机理实验，建议测井项目采用感应测井以便准确得到低阻油层电阻率，并建议采取 Waxman-Smits 方程计算含油饱和度。

(5) 测井岩石物理实验是地球物理探测新方法、新仪器诞生的孵化器。对岩石物理性质的基础研究的深入，可能发现供工程应用的新性质，产生新的探测方法。在实验室考察该性质的过程中使用的探测方法、装置（探头、测量控制、信号采集处理等）可能成为地球物理测井探测仪器的雏形。事实上，没有哪一种地球物理测井方法的设计和开发没有经过实验室的论证和检验，包括探测地质参数的物理基础、物理性质参数的采集等。例如，近年来开发的复电阻率测井、核磁共振测井等方法都是从实验室走向测井井场的。

1.2 教学基本要求

测井岩石物理实验教学的目的包括：熟练掌握测井岩石物理实验的基本原理和实验技能，确保能够准确得到实验结果，准确表征岩石的地质性质和物理性质；培养学生观察、分析实验现象并独立从事岩石物理实验设计的能力，能够开展测井岩石物理实验新方法、新工艺研究；培养学生为开展测井岩石物理研究而独立思考、灵活运用理论知识的能力和素质，具备开展测井响应机理实验研究以及工程应用的能力。

为了达到上述目的，必须对学生提出明确的要求并进行严格的基本操作训练。以下为实验教学过程的基本要求。

1.2.1 实验前的准备

实验前能够自行通过课堂理论教学的复习、云课堂教学视频观摩、实验指导书的学习做好实验课预习，了解所要做实验的目的，熟悉实验所依据的基本理论，了解所用仪器的基本构造和实验操作规程，明确各项实验测量数据的质量控制方法以及注意事项，掌握数据处理方法以及综合分析方法，能够探讨实验结果在测井响应机理研究以及测井解释刻度应用的作用，做到心中有数。

1.2.2 实验过程

实验过程是按实验前预习内容完成实验测量的过程。在实验中会操控实验测量设备，熟知实验中涉及的机械伤害、触电、危险化学品吸入等安全问题，实验过程中要求严格遵守操作规程,做好安全防护,确保人身安全。同时,也要求学生注意按照操作规程使用教学设备,不野蛮操作、误操作损坏设备,做到设备安全。以下为具体的实验要求:

(1) 进入实验室后到指定的实验台,先对照仪器使用登记本检查核对仪器。

(2) 不了解仪器使用方法时,不得乱试;不得擅自拆卸仪器,仪器装置安装好后,必须经过指导教师和实验员检查无误后,方可进行实验。

(3) 遇有仪器损坏,应立即报告指导教师和实验员,检查原因,并登记损坏情况。

(4) 严格按实验操作规程进行实验,不得随意改动。若确有改动的必要,应事先取得指导教师和实验员的同意。

(5) 记录数据要求完全、准确、整齐清楚。所有数据均应记录,不可只记认为合理的数据,要按照要求采用表格形式记录数据,实验原始记录书写、更改要符合规范。

(6) 充分利用实验时间观察现象、记录数据、分析和思考问题,提高学习效率。

(7) 实验完毕,应将实验原始记录数据上交,指导教师审查合格后,方能结束实验;如不合格,需补做或重做。

(8) 整理好仪器,在仪器使用登记本上写明仪器使用情况并签名,经指导教师和实验员检查后方可离开实验室。

1.2.3 实验数据的处理和实验报告

在取得原始实验数据后,能够当堂完成实验数据的处理和实验报告,并提请指导教师或者实验员核对及点评。如不能完成,需要在下次实验课前完成实验报告。可以根据分组的情况,以组为单位提交实验报告。以下为具体要求:

(1) 了解数据处理的原理、方法、步骤及数据应用的量纲,仔细地进行计算,注意实验测量有效数字规约(附录B),完成不确定度评价(附录C)后正确表达数据结果。处理实验数据应每人独立进行,组内统一合成实验数据。

(2) 认真完成实验报告,内容包括实验目的、基本原理、仪器装置示意图、实验流程、实验数据处理、作图及实验总结(包括结论与讨论)等项。

实验数据尽可能采用表格形式,数据处理和作图的要求应按"误差及数据处理"的相关规定进行。实验结论指实验结果的误差分析、实验观测的基本规律的总结。讨论内容包括:对实验过程中特殊现象的分析和解释;对实验操作流程进一步改进的意见和想法;实验结果在测井响应机理研究以及测井解释刻度中的应用等。

实验报告是整个测井岩石物理实验中重要的一项工作,也是获得实验课成绩的基本依据之一。在写报告过程中要求学生勤于思考、用心钻研、耐心计算、认真书写,反对粗枝大叶、字迹潦草、错误百出。

第 2 章 岩样的选取和制备方法

岩样是测井岩石物理实验的基本对象和实验材料。选取岩样的目的是取得有代表性的岩石样品，为定量表征岩石特性做好准备。制备是要确保在不损害岩样的岩矿组成和孔隙结构的前提下，按照实验的要求加工成一定的形状并模拟温度、压力等赋存条件和流体饱和情况，最终拿到符合实验要求的实验样品。考虑到目前质量、温度、体积、流量、电阻率等性质的测量方法和设备的先进性，岩样的选取和制备，特别是取到有代表性以及保持地下原位赋存状态的岩样非常重要，这也是影响实验结果的决定性因素。

2.1 岩样的选取

岩样的选取是在钻井取心现场或者岩心库根据取心设计选取岩样。对于不同类型的岩石和不同的分析项目，要决定在井场或者岩心库选样。保持岩石新鲜状态的实验项目（如饱和度、润湿性等）要在井场选样、取心并立即保护。其他实验项目在岩心库取样即可。

2.1.1 选样位置、数量、尺寸

为了取得具有代表性的岩样，必须根据分析目的和分析要求，由专门的工程技术人员及地质人员设计取心位置并合理选取岩样的数量。一般在选择测定岩石孔隙度、渗透率和饱和度的样品时要严格地等间距取样。如果认为取样密度不足以代表这类参数的平均值时，可以加密取样，但不要任意移动取样点的位置，以免所得结果失去对整个油藏的平均代表性。对于岩性比较均匀的块状地层，选择较简单，2~3 块/m 即可。对于岩性不均匀的砾石、硅质灰岩、溶洞或裂缝性碳酸盐岩以及倾斜地层、有交错层的地层、地层因素变化大的地层应该适当多取，如 8 块/m，即保持和测井采集密度一致。对岩性有变化的薄储层，应在储层的顶部、底部和中部适当取样。

为了避免盲目取样，建议根据孔隙度测井（声波时差、密度、补偿中子、核磁共振）、电阻率测井曲线的变化选取具有能够反映岩性、物性、含油性特点的代表性岩样。图 2.1 显示了一个不成功的取心设计和实施案例：测井曲线显示 3293~3297m 地层的声波时差和电阻率变化很小，是均质的块状地层，取心密度没有必要太大。但是，实际取心还是采用了比较大的采样密度，没有必要并且造成了作业成本的增加。

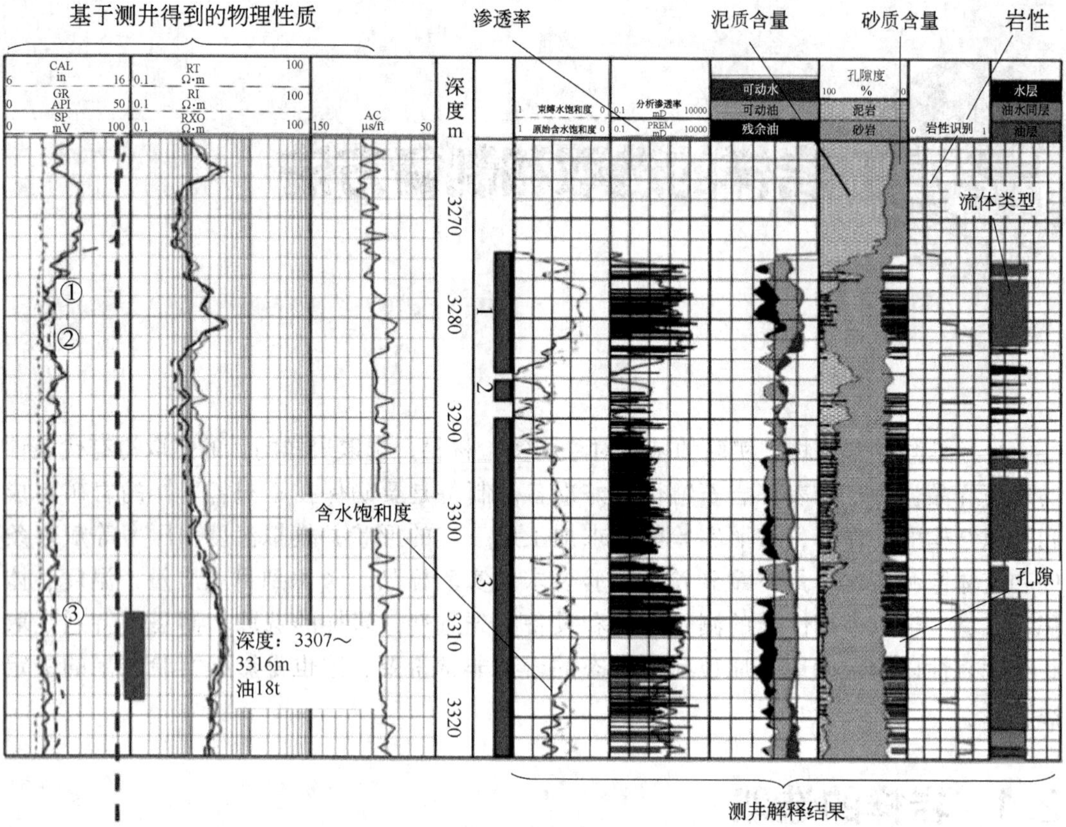

图 2.1 没有根据测井曲线设计选取岩心的失败案例

当然，根据实验要求也可在某一位置取若干个平行样。平行样常用于对同一块岩心施加改变岩矿和孔隙结构的有损实验，比如敏感性实验、压汞实验等。

更为重要的是，对那些岩石结构、孔隙类型复杂的储层，如砾岩或者含有裂缝的储层，取样的时候还需要考虑岩样的尺寸（柱塞样、全直径岩样等）或者取样的质量。

2.1.2 取样方向

需要根据实验的要求选取水平样或者垂直样。注意，水平和垂直的参考面不是岩心的横断面，而是地层的层面（图 2.2）。通常，取样以水平样为主。实验有特殊要求的时候，比如需要考察渗透率、电阻率和声速的各向异性时，会增加垂直样、45°样（与层面法线方向成 45°角）以及其他角度（与层面法线方向成规定角度）岩样。如果无特殊说明，取

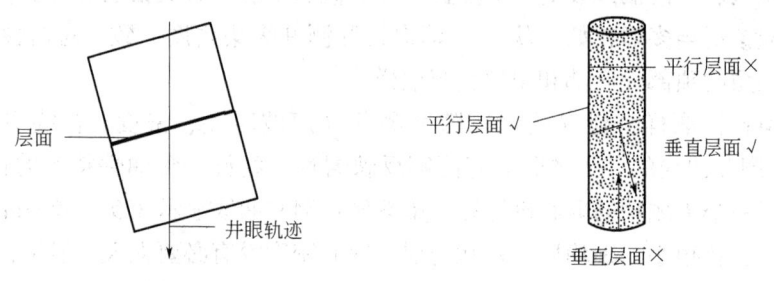

图 2.2 取样方向示意图

样为水平样。

2.1.3 与测试物理性质有关的取样原则

为了得到准确的储层岩石物理性质,要根据测试物理性质的特点在井场或者岩心库取样。以下介绍饱和度、孔隙度、渗透率等实验测试项目取样的一般方法和原则。

1. 饱和度样品的取样

饱和度样品是为了测量得到地层的含油水饱和度,应该尽可能选取保持地层原始状态的新鲜岩样,区别于清洗岩样和老化岩样(表2.1)。同时,为了避免岩心从岩心筒或取心器中取出后岩石孔隙中的流体散失改变饱和度,或者由于氧化还原条件的变化改变岩石的某些性质(润湿性),需要对岩心采取一些特殊的保存方法(表2.2)。饱和度样品取样时应该掌握两个基本原则:时间上要尽可能快,能在井场选样尽量在井场选样并立刻封装,条件允许的采取干冰冷冻(紧急运输)以及冷柜冷冻"封锁"油水,以减少孔隙流体的损失;如没有采取密闭取样,取样位置应尽量接近岩心中央,以减少钻井液侵染的影响。

表2.1 岩样状态类型

状态类型	特点	适用实验
新鲜岩样	指用油基钻井液和密闭取心钻取的岩样。由于对岩样中的流体组分干扰较小,对岩样的润湿性和饱和度影响小。因此该种岩样能够较好地保持其原始状态	润湿性、饱和度分析等
清洗岩样	指经过洗油洗盐的岩样。有关润湿性、流体的分布都发生了较大的改变,但有利于孔隙度、渗透率、孔隙结构等的测量。缺点是影响润湿性测量(洗油洗盐会导致润湿性向亲水方向变化)。实验室最为常用	不需要考虑饱和度和流体替换以外的实验,如岩性、物性等
老化恢复岩样	指先洗油洗盐,再重新恢复其含油水饱和度、润湿性的岩样。优点是可以一定程度恢复原始润湿状态	润湿性、相对渗透率、电阻增大率等流体替换实验

注:一般在不作说明的情况下,岩样通常为清洗岩样,测量润湿性或者受润湿性影响的其他物性参数(电阻率、毛细管压力、相对渗透率等)需要老化至油藏状态后再测量。

表2.2 井场岩心常用保存方法

保存方法	方法特点	适用岩心	注意事项
容器密封法	直接装入容器或者用铝箔、聚乙烯等包裹后装入容器密封	测定要求精度高和分析油水饱和度的岩样	岩样与容器间隙尽可能小,尽量避免流体散失
管子密封法	岩样装入钢、铝或塑料管中,两端用带O形圈的堵头密封	所有岩心	尽量避免流体散失
塑料袋密封法	使用聚乙烯塑料袋封存岩心	致密、坚硬岩样	岩样与塑料袋的间隙尽可能小,防止岩心棱角刺破塑料袋使流体散失
金属箔及塑料薄膜包裹法	用金属箔、塑料薄膜包裹	胶结较好且几小时内测试样品	尽量避免流体散失
干冰冷冻法	外运的样品使用干冰覆盖岩心,使岩心保持冷冻	比较疏松岩心	对岩心性质有影响:钻井液较淡时,容易使油水饱和度分析数值偏小

这个原则同样适用于涉及需要保持油气层原始润湿状态的实验取样,如润湿性、相对

渗透率测量的取样等。

当然，不同的饱和度测试方法也会对取样有具体要求：对于蒸馏抽提法，需要将从岩样中心部位取得的岩样分成两份，一份供测量孔隙度、渗透率用，一份（大约40g）打成碎块（保留8g左右岩心1~2块，蒸完水后，用于孔隙度测量）放入已称重杯中待用（岩心与杯称重后测定岩样中水量）；干馏法也是取岩样中心部位样品分成两份，一份重约25~40g，放入带盖瓶中用于气体饱和度和总体积测量，一份碎样约100~175g，称重后放入干馏岩心杯中测定样品中的水量和油量。

2. 孔隙度、渗透率样品的取样

视岩心均质程度决定钻取岩心的直径和取样密度。若地层非均质程度高（含裂缝、砾岩等），宜用大直径岩心甚至是全直径岩心，其他情况用柱塞（常用直径范围25.4~45mm）岩样。取样时尽量先用孔隙度测井、微电极测井、侧向测井的差值来预估孔隙度、渗透率。最好能够考察较大范围的孔隙度、渗透率，以便于渗透率测井评价模型的建立。（一般是采用渗透率与孔隙度、泥质含量或黏土含量等参数建立统计关系作为模型，因此渗透率、孔隙度和泥质含量等最好有比较大的分布范围。）

此原则适用于其他涉及静态参数的岩石物理实验项目，如岩性、孔隙结构、密度、声学测试、岩电实验的地层因素测试等。

渗透率测量用的岩样必须是规整形状的柱塞样或者方岩样，以便定义横截面积和长度。对于孔隙度测试用岩样，如果采用煤油法，则可以采用不规则的岩样，一般要求质量为15~25g。

3. 涉及流体替换实验的取样

具体到一些涉及油水两相替换（驱替或者吸吮）和气水两相替换（驱替或者吸吮）的实验项目，比如岩电实验的电阻增大率实验、驱油效率、相对渗透率等实验，因为物性较差会导致实验难以进行，选样时需要考虑岩样的物性。例如：渗透率如果小于1mD，开展相对渗透率、驱油效率等实验的成功率就会大大地降低。

2.2 岩样的制备方法

2.2.1 岩样类型

依据大小、形状以及尺寸等指标，可将岩样划分为柱塞岩样、全直径岩样、方岩样、块状样以及不同目数的粉末样（图2.3）。其中：(1) 柱塞岩样通常指直径为25.4~45.0mm、长为25.4~70.0mm的圆柱体岩样，具有直径和体积较小、形状规整的特点；一般使用包心钻头钻取，然后使用切片机切割两个平行端面再经过抛光得到；由于容易制备而且满足大多数实验的要求，是常用岩样。(2) 全直径岩样常常用于岩石结构存在非均质性的岩石（尺寸大更具有代表性），一般用于砾岩或者有裂缝的岩石，是对钻井取心直接用切片机切割两个平行端面再经过抛光得到（直径取决于钻头尺寸，一般大于60mm），可以看作是放大的柱塞样，较少使用，仅在非均质性强的储层使用。(3) 方岩样是切割成立方体的岩样，常用于研究各向异性，由于需要制作6个面，相邻的三个面要两两垂直,制作比较困难,较少使用,仅在各向异性强的岩石使用。(4)块状样是在岩心直接敲下来的样品,一般不要求有规整形状的实验如孔隙度、饱和度、压汞和核磁共振等实验使用,一般有质量或体积的要求,较多使用。(5)粉末样根据测量项目如X衍射全岩、X衍射黏土分析等,要求粉碎到一定目数,也较多使用。表2.3列出了一些实验对岩样的要求。柱塞岩样的制备具有代表性。

  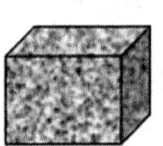 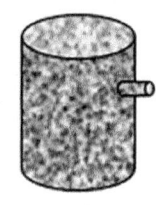

(a) 粉末样　　　　　(b) 块状样　　　　　(c) 方岩样　　　　　(d) 全直径岩样

图 2.3　各种岩样类型

表 2.3　测井岩石物理实验对样品的要求

类型	分析项目	岩性	岩样规格和质量
岩心常规分析	渗透率	砂岩	直径2.54cm或者3.81cm,长度≥直径,推荐4.00~5.00cm
	孔隙度	砂岩	15~25g或同渗透率样品
		泥岩	8~15g球状和5.00~8.00cm³块状各1块
	粒度	砂岩	5~6g
	油水饱和度	含油砂岩	30~40g
	碳酸盐含量	砂岩	5~6g
	氯化盐含量	—	2g
岩心专项分析	岩石压缩系数	砂岩	直径2.54cm,长度4.00~5.00cm
	岩石比表面	砂岩	2g
	润湿性	含油砂岩	直径2.54cm,长度4.00~8.00cm
	相对渗透率曲线	含油砂岩、砂岩	直径2.54cm,长度4.00~8.00cm

依据样品是否来自天然地层,还可以分为天然岩样和人造岩样。

此外,就样品的赋存状态以及流体填充情况,还可以进一步分为常温常压岩样、高温高压岩样、空气饱和岩样、饱水岩样、饱和油岩样以及不同含水饱和度岩样等。

2.2.2　柱塞岩样的制备方法

1. 柱塞岩样的优点

柱塞岩样通常指直径为25.4~45.0mm、长为25.4~70.0mm的圆柱体岩样。特点是直径和体积较小,形状规整,易于钻取,有两个平行端面。柱塞样品的优点:(1)易于加工。在实验室条件下,使用岩心钻取机、岩心切片机以及岩心端面抛光机即可加工完成。(2)两平行端面的存在,确保了测试装置和岩样的良好耦合,有利于提高岩石物理实验的精度,如声速测量有利于声波探头和岩样的良好耦合,电阻率测量有利于减少接触电阻(空气不导电)。(3)形状规则,有关几何尺寸概念明确。如长度 L、直径 D、体积 V 等,可为孔隙度、渗透率、电阻率、声速等实验测量提供便利条件(图2.4)。

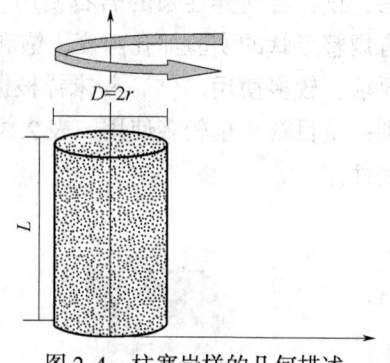

图 2.4 柱塞岩样的几何描述

对孔隙度测量,可按下式计算岩样的总体积 V:

$$V = \frac{1}{4}\pi D^2 L = \pi r^2 L \tag{2.1}$$

对渗透率测量,有利于确定横截面积 A 和长度 L:

$$K = \frac{Q\mu L}{A\Delta p} \tag{2.2}$$

对电阻率测量,有利于由横截面积 S 和长度 L 确定电极系数 k,完成电阻和电阻率的转换:

$$k = \frac{S}{L} = \frac{\pi D^2}{4L} = \frac{\pi r^2}{L} \tag{2.3}$$

对声速测量,有利于确定声波传播距离 L:

$$v = \frac{L}{\Delta t} \tag{2.4}$$

近年来,由于特定实验需要,如纳米CT需要使用直径3mm圆柱体样品,或者样品稀缺导致无法获得1in直径以上的样品,有时也使用直径16mm或者8mm的圆柱体样品,都属于柱塞岩样的范畴。

2. 柱塞岩样的制备

柱塞岩样的制备包括岩样钻取、端面切割、端面抛光3部分的操作。

1) 岩样钻取与质量控制

此处的钻取指从钻井取心或者地质露头上钻取柱塞岩样的过程。

(1) 岩心钻机。

岩心钻机由回转机构、升降机构、传动机构、操纵装置及机座、包心钻头等基本部分组成。由于钻机类型有所不同,有些岩心钻机还可能配备有控制测量仪表或其他附属装置。

钻机的回转机构称为回转器,用于驱动钻具回转,实现钻头连续地破碎岩石。岩心钻机的回转器有立轴式、转盘式和移动式三种,岩心钻机的分类即来源于此。

升降机构用于提下钻具。多数钻机专门配有升降机构,一般称为"升降机"。

传动机构用于驱动钻机的动力机到钻机各工作机构的动力传递。钻机动力的传动方式有机械传动、半液压传动、全液压传动三种类型。

操纵装置用于分配动力、调节钻机各工作机构的运动速度，改变工作机构的运动方向和形式。

机座用于支撑机器以及固定待钻的岩石。一般可以通过在机座上加座钳的方式来固定岩石。

包心钻头又名取心钻头、开孔器、中心钻头等，是用来钻取岩心的钻头。

图 2.5 为一款型号为 HZ-Ⅰ 型岩心钻机，由图可见各个组成部分。

图 2.5 HZ-Ⅰ 型岩心钻机

1—回转器；2—升降机构；3—包心钻头；4—传动机构；5—操纵装置（摇臂）；6—座钳；7—机座

（2）操作步骤。

① 检查机器状态，要求钻具固定稳妥不晃动；
② 固定待钻岩石到座钳上；
③ 旋转升降机构至正确高度，操作摇臂将钻头放置于待钻位置；
④ 观察标尺刻度；
⑤ 打开钻取液开关；
⑥ 打开电源，操作摇臂手柄下压钻进；
⑦ 观察标尺至预定深度，停止钻进，升起钻头；
⑧ 关闭电源和钻取液开关。

（3）注意事项。

① 冷却钻头的钻取液的使用。钻取液使用不当，可能改变岩石的矿物结构，甚至导致孔隙结构的变化。如：当岩样富含吸水性较强的黏土矿物（如伊利石、蒙脱石或伊蒙混层），若使用清水，可能由于矿物的吸水膨胀导致黏土矿物晶体结构的变化，同时体积膨胀后会占据部分孔隙空间，导致孔隙体积、大小、形状等发生变化。在岩性不明的情况下，应优先使用煤油作为钻取液。

② 钻具（岩样）应固定好，钻压应保持均匀。如果钻具晃动，钻进不均匀，导致岩样侧面出现扭曲等不规则形状，会为岩样的直径测量带来麻烦。

③ 应视样品情况调整钻机转速，一般样品疏松时转速要低。

（4）质量控制。

岩样钻取后，可使用精度为 0.01mm 的游标卡尺测量岩样的直径 D，测量时需变换不同的径向（圆周）位置和角度 3 次（120°角）以上，取长度直径 D 的平均值 $\overline{D}$ 为最佳测量结果,即真实值的最近近似,取标准差 S_D 作为测量的 A 类不确定度 ΔD,如 ΔD 小于 0.01mm 认为加工合格。否则,需要重新加工。

假设某岩样直径 D 的重复测量结果如表 2.4 所示。

表 2.4 某岩样直径 D 的重复测量结果

测量序次	1	2	3	4	5	平均值	不确定度	测量值
直径 D,mm	25.36	25.34	25.35	25.35	25.36	25.35	0.01	25.35±0.01

直径 D 的 A 类不确定度 $U_A(D)$ 为

$$U_A(D) = S(D_i) = \sqrt{\frac{\sum_{i=1}^{5}(D_i - \bar{D})^2}{5-1}} = 0.0087(\text{mm})(\text{置信度 } P = 0.95, n = 5) \quad (2.5)$$

由游标卡尺的仪器误差限 $\Delta_{仪}$,根据国家计量标准,其误差限为 ± 0.004mm,则直径 D 的 B 类不确定度 $U_B(D)$ 可写为

$$U_B(L) = U_B(D) = \frac{2}{\sqrt{3}}\Delta_{仪} = 0.0046(\text{mm}) \quad (2.6)$$

直径 D 测量的合成不确定度 $U(L)$、$U(D)$ 为

$$U(D) = \sqrt{U_A(D)^2 + U_B(D)^2} = 0.0098 \approx 0.01(\text{mm}) \quad (2.7)$$

此例中,直径 D 测量结果可写为

$$D = \bar{D} + U(D) = 25.35 \pm 0.01(\text{mm}) \quad (2.8)$$

2)端面切割与质量控制

此处指的是用切片机切割出圆柱体端面。

(1)切片机。

切片机实际上是电动无齿锯,用于切割柱塞样的两个平行端面。切片机由电动机、岩心夹具(与进给机构一起)和无齿锯片以及机座构成。电动机提供动力,固定在机座的岩心夹具用于固定岩心,无齿锯片切割岩心(图 2.6)。

图 2.6 某型号岩心切片机
1—电动机;2—机座;3—无齿锯片;4—岩心夹具

(2)操作步骤。

① 检查机器状态,要求无齿锯片固定稳妥不晃动;

② 放置待切割岩心在岩心夹具上，调整切割位置，固定稳妥不晃动；
③ 打开钻取液开关；
④ 打开电源，推动岩心夹具接触锯片开始切割至切断岩心；
⑤ 关闭电源和冷却液开关。

（3）注意事项。

操作过程中需要注意的事项：钻取液的使用同岩样钻取；刀具和岩样固定稳妥，以避免偏切导致两个端面不平行的现象。

（4）质量控制。

肉眼观察两个端面，基本平行即可。一般地，如果岩样与夹具固定好，两个平行端面基本是平行的。

3）端面抛光与质量控制

在切割岩心端面时，由于岩样性质较脆，一般在最后会有小豁口形成，并且端面会比较粗糙，需要进一步抛光。根据笔者从事20余年的岩石物理实验的经验，绝大多数的实验室没有端面抛光的设备，也不对岩心端面进行抛光，这个会很大程度上影响实验结果。中国石油大学（华东）应用岩石物理实验室（APL）对从其他实验室接收到柱塞岩样都要重新做抛光处理，这是实验室提高长度计量以及相关的声速、电阻率、渗透率等物理性质的测量精度的保障，也能够减少由于岩样端面不平整导致的局部应力集中造成岩样破损或者半渗透陶瓷隔板的损坏等情况。这一点，希望能够引起广泛的注意。

（1）端面磨床。

岩心端面磨床实际上是铣床，用于精细加工岩心两个端面，使其更加平行并被抛光。端面磨床由电动机、岩心夹具、传动机构、升降机构、电动砂轮、摇轮（进给机构）以及机座构成。电动机提供动力，固定在机座的岩心夹具用于固定岩心，传动机构用来传送动力，升降机构用来调整砂轮与待抛光岩样端面的位置，一定目数的电动砂轮用于抛光岩心端面，与机座合成一体的进给机构用于推动岩样接受抛光（图 2.7）。

图 2.7 某型号岩心端面磨床
1—升降机构；2—摇轮；3—传动机构；4—电动机；5—电动砂轮；6—夹具；7—机座

（2）操作步骤。
① 检查机器状态，要求砂轮固定稳妥不晃动；
② 固定待抛光岩样到夹具上；

③ 旋转升降机构至正确高度；
④ 打开钻取液开关；
⑤ 打开电源，操作摇轮，使岩样贴近砂轮开始抛光，直至抛光结束；
⑥ 关闭电源和钻取液开关。

（3）注意事项。

操作过程中需注意的事项：钻取液的使用同岩样钻取；刀具和岩样固定稳妥，以避免偏切导致两个端面不平行的现象；砂轮转速的选择同岩样钻取。

（4）质量控制。

岩样抛光后，可使用精度为0.01mm的游标卡尺测量岩样的长度L，测量时需变换不同的位置3次以上，取长度L的平均值$\bar{L}$为最佳测量结果，即真实值的最近近似，取方均根误差L_D作为测量的A类不确定度ΔL，如ΔL小于0.01mm认为加工合格。否则，需要重新加工。

假设某岩样长度L的重复测量结果如表2.5所示。

表 2.5　某岩样长度L的重复测量结果

测量序次	1	2	3	4	5	平均值	不确定度	测量值
长度L，mm	50.12	50.13	50.13	50.11	50.12	50.12	0.01	50.12±0.01

确定长度L的A类不确定度$U_A(L)$为

$$U_A(L) = S(L_i) = \sqrt{\frac{\sum_{i=1}^{5}(L_i-\bar{L})^2}{5-1}} = 0.0087(\text{mm})\ (P=0.95, n=5) \quad (2.9)$$

由游标卡尺的仪器误差限$\Delta_\text{仪}$，根据国家计量标准，其误差限为±0.004mm，则长度L的B类不确定度$U_B(L)$可写为

$$U_B(L) = U_B(D) = \frac{2}{\sqrt{3}}\Delta_\text{仪} = 0.0046(\text{mm}) \quad (2.10)$$

长度L测量的合成不确定度$U(L)$为

$$U(L) = \sqrt{U_A(L)^2 + U_B(L)^2} = 0.0088 \approx 0.01(\text{mm}) \quad (2.11)$$

长度L测量结果可写为

$$L = \bar{L} + U(L) = 50.12 \pm 0.01(\text{mm}) \quad (2.12)$$

3. 全自动金刚石线切割机

当需钻取、切割、抛光机械强度较小的岩样，如疏松砂岩、层理发育的页岩、含有巨砾的砾岩、含有裂缝的岩石或者割理发育的煤样等，采用上述的钻床、切片机、磨床加工时常常由于剪切力太大而不能获得好的柱塞样、全直径岩样或者方岩样。这时，需要采用金刚石线切割机（图2.8）。

相对普通的钻床、切片机、磨床，金刚石线切割机的切削比较"温柔"，可以获得非常好的制样效果（图2.9）。

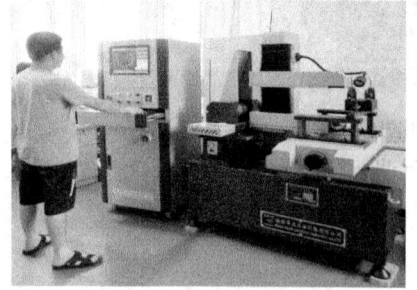

图 2.8　某型号金刚石线切割机

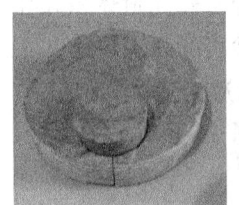   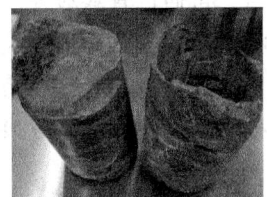

(a) 青海油田页岩　　　(b) 蒙脱石矿石　　　(c) 煤样　　　(d) 青海油田致密岩石

(e) 新疆油田砾岩　　(f) 胜利油田盐岩　　(g) 大港油田生物灰岩岩心　　(h) 新疆油田页岩

图 2.9　金刚石线切割制样效果

金刚石线切割机可对导电材料（常用电火花线切割机切割）和不导电材料（只要硬度比金刚石线小）进行切割加工，比电火花线切割机适用性广。目前，金刚石线切割机广泛用于切割各种金属和非金属复合材料，如陶瓷、玻璃、岩石、宝石、玉石、陨石、单晶硅、碳化硅、多晶硅、耐火砖、环氧板、铁氧体以及建筑材料、牙科材料、生物及仿生复合材料等，特别适用于切割高硬度、高价值、易破碎的各种脆性晶体。

金刚石线切割机采用金刚石砂线单向循环或往复循环运动的方式，使金刚石线与被切割物件间形成相对磨削运动，从而实现切割的目的。

金刚石线切割机的切割原理与木工绳锯、矿山绳锯相同。它利用高速旋转并往复回转的绕丝筒带动金刚石线做往复运动，金刚石线被两个张紧线轮（弹簧或气动）所张紧，同时加设两个导向轮以确保切割的精度和面型。通过自动控制工作台向金刚石线控制台方向不断地进给，或是控制金刚石线控制台向工作台方向不断进给，从而使金刚石线与被切割物件间产生磨削而形成切割。工作时，可以通过调整张力、切割步数等参数来获得对不同硬度岩样的切割。金刚石线直径小，最小为 0.1mm，比较节省岩心。同时，也有一定的人工制造定向排列裂缝的能力，值得关注。

4. 人造砂岩和人造泥岩岩样

当研究需要控制岩样的矿物组成、物性（孔隙度、渗透率、孔隙结构）或者不易获得如稠油岩样等天然岩样时，需要人造岩样。目前制作较多的岩样是人造砂岩和人造泥岩岩样。

人造岩样的制作方法原理是骨料覆膜（胶结剂），泥质（黏土）黏附，压实固化。其具体技术路线是：首先，用胶结剂均匀包裹在骨料表面，制备成覆膜（胶结剂）骨架；其次，让黏土均匀、连续分布在覆膜（胶结剂）骨料表面；最后，用不同压制压力压实固化。图 2.10(a) 是含泥质人工岩样制作效果示意图，显示了骨料（白色）、黏土矿物（黑色）、胶结剂（灰色）的接触关系。该方法制作的人工岩样依靠胶结剂黏合泥质（黏土）于骨料的表面，泥质（黏土）分布形式上为分散类型。若黏土含量足够大且分布连续，可在覆膜骨架的表面形成黏土衬膜，有利于模拟黏土附加导电对岩石电阻率的影响。制作时，可通过骨料粒径、黏土含量、胶结剂含量以及压制压力的控制改变岩样孔隙体积和孔喉的尺寸，获得不同孔隙度、渗透率、孔喉半径的分散泥质胶结疏松砂岩的人工岩样。

当将胶结剂和泥质更换为稠油时，即得到稠油砂岩。图2.10是人造泥质砂岩和人造稠油砂岩的原理及效果图。人造岩样的压制装置和压制的人造砂岩见图2.11和图2.12。

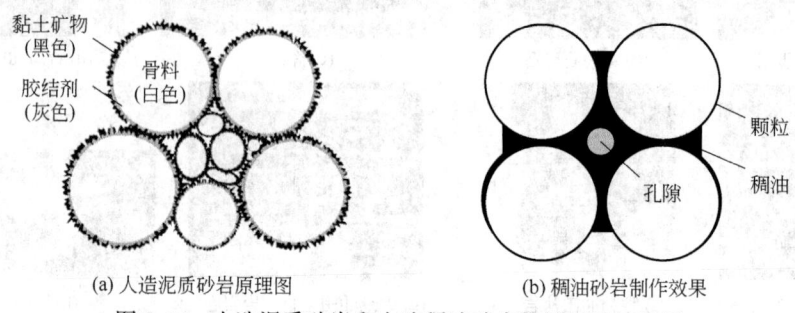

(a) 人造泥质砂岩原理图　　　　　　　(b) 稠油砂岩制作效果

图2.10　人造泥质砂岩和人造稠油砂岩的原理及效果图

(a) 大岩样(直径150mm，厚度60mm)压制装置　　　　(b) 柱塞样压制装置

图2.11　人造岩样压制装置

(a) 人造泥质砂岩样品　　　　　　(b) 人造稠油砂岩(原油来自胜利高青油田)

图2.12　压制的人造砂岩

2.2.3　洗油

洗油，即从岩样中"洗"去原油的过程。此处的洗等同于"清除"。来自油气藏的岩心，孔隙中含有原油，原油会占据一部分孔隙体积。如果不洗油，会对岩样的孔隙度、绝对渗透率的测量产生影响。因此，岩样洗油的目的之一是测准孔隙度、渗透率这两个储层

的基本参数。另外，很多时候需要得到孔隙被空气、水完全饱和的岩样，需要洗油以便后期使用实验气体和盐水饱和岩样。例如：声速实验中的干燥样（孔隙中为广义的天然气，可以是空气，孔隙压力为大气压力或者地层压力）、干岩样（孔隙中为气体，孔隙压力为大气压）；电阻率地层因素实验的饱水样（孔隙完全为地层水填充）；水敏、盐敏等实验的饱水样。

1. 洗油原理

洗油的原理是相似相溶定理，即性质相似的两种物质能互相溶解。因此，常使用有机溶剂来抽取洗油。

目前，岩样洗油的方法主要有溶剂抽提法、增压洗油法和二氧化碳溶解气驱洗油方法。以下分别介绍其原理和特点。

1）溶剂抽提法

在常温、常压下，使用脂肪抽提器（图2.13），加热该仪器下部容量瓶中能够溶解原油组分的有机溶剂，使纯净洗油溶剂沸腾后呈蒸气状态上升至上部的冷凝系统，然后滴入中部岩样室，浸泡和反复冲洗岩样，直至达到一定的液面高度后，利用虹吸的方式将洗出的原油及洗油溶剂混合液吸回到仪器下部的容量瓶，周而复始，以达到逐步将原油洗出的目的。由于方法操作简便，实验员仅需要不定期地完成电源开关、循环水开关、洗油溶剂更换等简单操作，现场应用较为广泛。但由于仅仅采用浸泡方式，洗油溶剂难于进入岩样特别是物性较差的低渗透岩样、致密岩样和页岩岩样的孔隙内部，洗油效果并不是很理想。在实践中，经常发现岩样做了气体渗透率测量后在端面有原油浸出，表明岩样中的原油没有被清除干净。

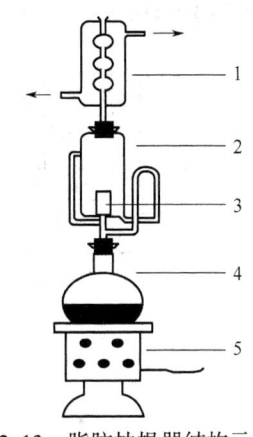

图2.13 脂肪抽提器结构示意图
1—冷凝管；2—抽提器；3—岩样；
4—烧瓶；5—电炉

2）增压洗油法

实质上，增压洗油法的原理与溶剂抽提法大致相同。但是，相对溶剂抽提法，盛放洗油溶剂的容器内部由常压条件变成了高压条件。一般地，压力上限可为4MPa（约40个大气压）。该方法利用压力可加快有机溶剂从液体变成气体分子的原理，可以加快洗油的进程，洗油效率较溶剂抽提法要高很多。

图2.14为HDY-V岩样自动洗油仪，该仪器具备在100℃、4MPa温压条件下洗油的功能。

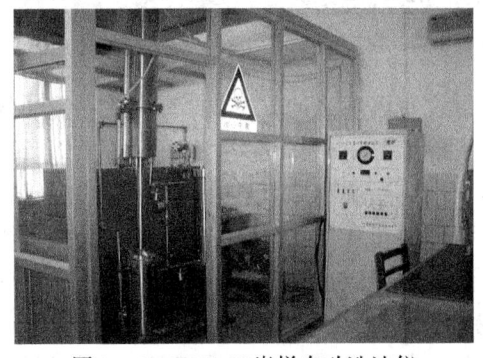

图2.14 HDY-V岩样自动洗油仪

但是，由于原理上还是通过浸泡方式洗油，存在和溶剂抽提法一样的弊端：洗油溶剂难于进入岩样特别是物性较差的低渗透岩样、致密岩样和页岩岩样的孔隙内部，洗油效果还不是很理想。

3）二氧化碳溶解气驱洗油方法

二氧化碳溶解气驱洗油方法与溶剂抽提法和增压洗油法有本质的不同，它利用溶解气驱的原理，把溶有二氧化碳气体的洗油溶剂，在加压条件下注入岩样，使溶剂和原油混溶，随后卸去压力，利用二氧化碳的体积膨胀，将溶有原油的洗油溶剂从岩样孔隙中排除，反复进行若干次，以达到洗油的目的。通过加压、卸压能够使溶剂更大程度接近岩样孔隙（喉）内的原油组分，而且是驱替方式洗油，因此洗油更彻底。图 2.15 是二氧化碳溶解气驱洗油方法的原理图。由于压力的骤然升降可能破坏岩样，对疏松岩样加压和卸压过程（加压是使溶剂进入岩样孔隙溶解原油组分；卸压是依靠气体膨胀携带含有原油的溶剂离开岩样孔隙）宜缓慢（30 分钟或更长）。图 2.16 是中国石油大学（华东）应用岩石物理实验室研制的 DGO-1 型二氧化碳溶解气驱洗油装置。

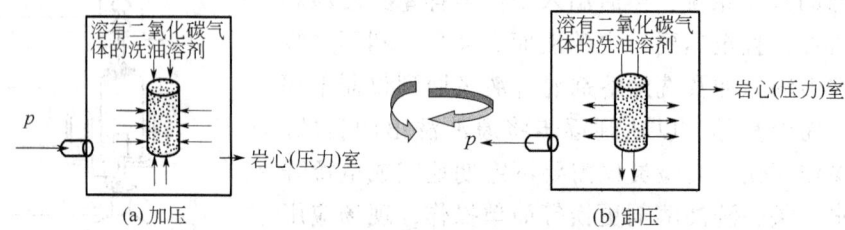

图 2.15　二氧化碳溶解气驱洗油原理图

图 2.16　DGO-1 型二氧化碳溶解气驱洗油装置

二氧化碳溶解气驱可以在室温下洗油（冷洗），因此在洗油的时候不容易造成黏土矿物失去结晶水，在某些需要确保黏土矿物不失去结晶水的情况下具有优势。这一点非常重要：对于页岩油藏，经常发现高温洗油后页岩从页理处裂开（如果原油本来填充了页理，不排除因为洗油导致页岩裂开的可能性），而低温洗油就较少发生这种情况。该装置具有洗油快速的特点，一般 3 天左右可以达到脂肪抽提器 10~14 个工作日的效果。

2. 洗油溶剂的选取方法

常用的洗油溶剂有多种，如甲苯、苯、苯—甲醇—三氯甲烷、三氯甲烷、四氯化碳、二甲苯、丙酮、二氯乙烯、四氯乙烯、石脑油、乙烷、石油醚、溶剂汽油等。事实上，没有哪一种洗油溶剂能够将原油全部清洗干净，因此常常会根据石油的组分选择它们的混合溶液来做洗油溶剂。原则上，对于某一油区的某一油层，应该根据原油组分选取洗油溶剂并在一定的试验研究基础上，首选那些清洗效果好，毒性小，不容易损害和改变岩样孔隙结构的洗油溶剂。目前，针对洗油溶剂的选取，积累了一些认识：

（1）岩样内含有水时，使用四氯化碳洗油时会形成酸性化合物，在高温下会放出光气，将不溶物质残留于岩样；

（2）对富含泥质的岩样，不能使用高沸点的甲苯（沸点为108℃），以避免黏土矿物由于失去结晶水而导致岩样孔隙结构的变化；

（3）对亲油岩样，可选用溶剂汽油、四氯化碳（岩样中不含水时使用）或石油醚，这些溶剂可在一定程度上减少对润湿性的伤害；

（4）对于中性或者亲水岩样，可选用1:2或1:3的酒精—苯，如果抽提含沥青基原油的样品，则选用甲苯或70%氯烷加上30%甲醇清洗；

（5）原则上，任何有机溶剂都会对岩样的润湿性造成伤害，只是程度不同而已。

3. 洗油时间及质量的控制

原则上，洗油时间的长短应以能够洗净原油的时间为下限，并可适当延长。目前的研究表明，连续洗油1周后基本上能够将原油洗净。可以使用荧光照射的方法观察浸泡过岩样的溶剂的荧光等级，如达到三级，表明洗油已经比较彻底。

4. 洗油安全及注意事项

洗油溶剂常为剧毒类化学药剂，如甲苯、甲醇、四氯化碳等，会对人体产生一些不同程度的伤害，甚至致命。因此，在洗油操作的过程中，应尽量避免直接接触、吸入洗油溶剂，清洗过程中添加和清除溶剂时需要戴防毒面具，洗油操作应在通风橱（图2.16）中进行。洗油后的岩样需要在通风橱中放置一定时间（如1天）后再继续其他操作。实验过程中，发生危险要及时做救治处理，如果皮肤接触到洗油溶剂，要用大量流水冲洗。

2.2.4 洗盐

洗盐，即从岩样中"洗"去盐的过程。此处的洗等同于"清除"。来自油气藏的岩心，孔隙中含有各种盐，它们结晶后的颗粒也会占据一部分孔隙体积。如果不洗盐，会对岩样的孔隙度、绝对渗透率的测量产生影响。因此，岩样洗盐的目的之一是测准孔隙度、渗透率这两个储层的基本参数。有一种说法，认为洗盐是为了方便控制孔隙中盐水的矿化度。这个说法是错误的，需要澄清：对于岩心而言，孔隙度较小，孔隙体积相对于饱和装置中的盐水体积而言太小了，所以孔隙中的盐分不会影响孔隙中盐水的矿化度，饱和装置中的盐水矿化度才是决定性的。通常，需要对来自地层水矿化度较高储层的岩样做必要的洗盐工作（在大庆油田，储层地层水矿化度大于5000mg/L时就建议洗盐）。此外，出于某些研究的目的，如需要考察不同类型（不同离子配制的地层水、等效NaCl溶液）的盐水对岩石电学性质的影响时，也需要对洗油后的岩样做洗盐工作。

洗盐的方法可以分为浸泡和有机溶剂抽提法（图2.17）两种。二者的实质是一致的，都是通过浸泡的方式将盐洗出。区别在于：前者使用一般的容器浸泡岩样，没有自我纯净洗盐溶剂的功能，需要经常更换浸泡液；后者充分利用了脂肪抽提器的自我纯净的特点，不需要频繁更换浸泡液。

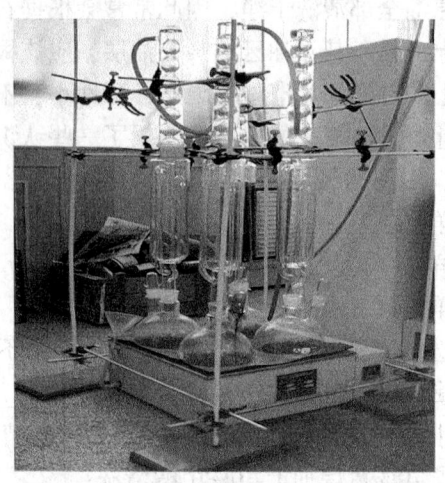

图 2.17　使用脂肪抽提器洗盐的工况图

常用的洗盐溶剂有两种：一种是纯净水，一种是甲醇。对于富含黏土的岩样，使用蒸馏水作为洗盐溶液时应该特别谨慎，最好能够在明确泥质中黏土矿物的类型和含量时再考虑使用。如果有含量较高的伊利石、蒙脱石等吸水膨胀矿物，不能使用蒸馏水作为洗盐溶液，更不能用水煮。甲醇对盐类有较好的溶解性，是一种较好的洗盐溶剂。另外，甲醇的沸点较低，在 64.5℃ 左右，采用水浴加热脂肪抽提器的方式就可以既安全又方便地开展洗盐工作。

洗盐的效果可以通过将洗盐后的岩样放入蒸馏水中短时间浸泡后，观测浸泡液的电导率（图 2.18），或者使用 $AgNO_3$ 溶液滴定浸泡液后用肉眼观察是否产生絮凝状沉淀的方式检查，如电导率接近蒸馏水的电导率或滴定后无沉淀发生可认为洗盐合格。通常，$AgNO_3$ 溶液滴定的方法就足够了。

图 2.18　DDS-370 电导率仪

2.2.5　烘干

岩样经洗油、洗盐后，会含有一定的有机溶剂和水分；在空气中暴露时间长的岩样，也会吸收一些水分，对后续的气体孔隙度、渗透率、电阻率测量乃至含水饱和度的估算都会产生一定的影响，因此需要通过烘干的方式除去有机溶剂和水分，同时为测量干重做准备。

1. 烘干方法

目前，对不同岩性的岩样，烘干时使用的装置和实施条件不尽相同。一般对不含泥质或者泥质含量较少的岩样，可以使用恒温箱（图2.19）在（105±2）℃条件下烘干；对富含泥质的岩样，特别是蒙脱石、伊利石、绿泥石等水敏性黏土含量高的岩样，建议在温度为62~93℃、相对湿度为45%的条件下在恒温恒湿箱（图2.20）中烘干至干重恒定。

图2.19　HW-ⅢA型双联恒温箱

图2.20　SDHOOⅠ型恒温恒湿试验箱

2. 烘干质量检查及干重估算方法

对于烘干效果，可以使用高精度（0.001g或更高）电子天平称重的方式来检查岩样的烘干效果，并由岩样的3次测量结果取平均值作为岩样的干重 W_{Dry}。烘干过程可持续至连续三次测量岩样重量不变或者在天平的测量误差限范围之内时结束，该（平均）重量即可作为岩样的干重 W_{Dry} 的最佳值。

使用AG204 METTLER TOLEDO电子天平（图2.21）称重的方式来检查岩样的烘干效果，并由岩样的三次测量结果取平均值作为岩样的干重 W_{Dry}。

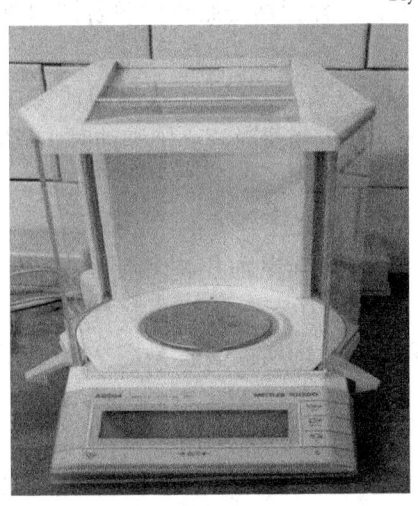
图2.21　AG204 METTLER TOLEDO电子天平

干重 W_{Dry} 的不确定度方法示例如下。

某岩样干重 W_{Dry} 的重复测量结果见表2.6。

表2.6 某岩样干重的重复测量结果

测量序次	1	2	3	干重平均值，g
干重，g	55.267	55.265	55.265	55.266

干重 W_{Dry} 的 A 类不确定度 $U_A(W_{Dry})$ 可以写为

$$U_A(W_{Dry}) = S(W_{Dryi}) = \sqrt{\frac{\sum_{i=1}^{3}(W_{Dryi}-\overline{W}_{Dry})^2}{3-1}} = 0.0012(g) \quad (P=0.95, n=3) \quad (2.13)$$

电子天平的误差限为±0.001g，干重 W_{Dry} 的 B 类不确定度 $U_B(W_{Dry})$ 可写为

$$U_B(W_{Dry}) = \frac{2}{\sqrt{3}}\Delta_{仪} = 0.001(g) \quad (2.14)$$

按干重 W_{Dry} 的合成不确定度 $U(W_{Dry})$ 可写为

$$U(W_{Dry}) = \sqrt{U_A^2(W_{Dry}) + U_B^2(W_{Dry})} = \sqrt{0.0012^2 + 0.001^2} = 0.000156(g) \quad (2.15)$$

则该岩样干重 W_{Dry} 可表示为

$$W_{Dry} = 55.266 \pm 0.00156(g) \approx 55.266(g) \quad (2.16)$$

可见，称重的不确定度很小，可以忽略。

3. 保存方法

烘干后的岩样应放入装有硅胶等干燥剂的干燥皿中密封保存。注意观察硅胶的颜色，如蓝色变淡或者变紫，需要烘干至深蓝色使用。

2.2.6 饱和

当需要实验测量完全为地层水或者油饱和岩石的物理性质，如 Archie 公式中地层因素 F 的测量等，需要得到完全为地层水饱和岩石，这就需要岩样的饱和地层水或者油的技术。饱和实际上是用盐水或者原油驱排岩石孔隙内的空气的过程，需要克服毛细管阻力，有相当大的困难。事实上，岩样特别是低孔低渗岩样和致密岩样是很难完全饱和的。因此，有必要深入探讨。

通常，从模拟储层的角度，一般多对岩石做饱和地层盐水的操作以模拟自由水层（含水饱和度100%）。当出于研究需要对岩心饱和油时，只需要将饱和液体换为实验要求原油或者模拟油即可。

1. 常规抽真空加压饱和方法及装置

通常，岩样饱和时会采取"抽真空加压饱和"的方式，主要流程是：将岩样室、饱和溶液分别进行抽真空，当盐水中无气泡后，将盐水放入岩样室，加至某一压力如26MPa 饱和1~2天。比较有代表性的实验装置是图2.22所示的 ZYB-Ⅱ真空高压饱和装置仪器。

该装置的具体工作流程为：

(1) 将饱和用盐水连续抽真空2h以上，直至装有盐水的透明容器——盐水罐内的压力降至0.1Pa，继续抽真空一段时间，肉眼观察盐水中无气泡后停止。

(2) 将装有岩样的岩样室连续抽真空 4~8h，岩样室内压力降至 0.01Pa，继续抽真空 4~8h。

(3) 打开连接盐水罐与岩样室的阀门，依靠重力将盐水加入岩样室中（由下往上缓慢加水，同时继续抽真空），直到盐水淹没样品后才可快速进水，继续抽真空 0.5~1h。

(4) 视岩样的物性和机械强度的情况，在不损坏岩样的前提下确定施加的饱和压力（等同于水驱气的驱替压力）：对高孔高渗岩样，一般加压至 16MPa 左右即可；对低孔低渗样品，可以适当增加饱和压力。加压后观察压力表，如压力表读值下降，可继续加压，压力稳定后持续 1~2 天为宜。

图 2.22　ZYB-Ⅱ真空高压饱和装置

这种常规抽真空加压饱和方法的饱和效果见图 2.23。

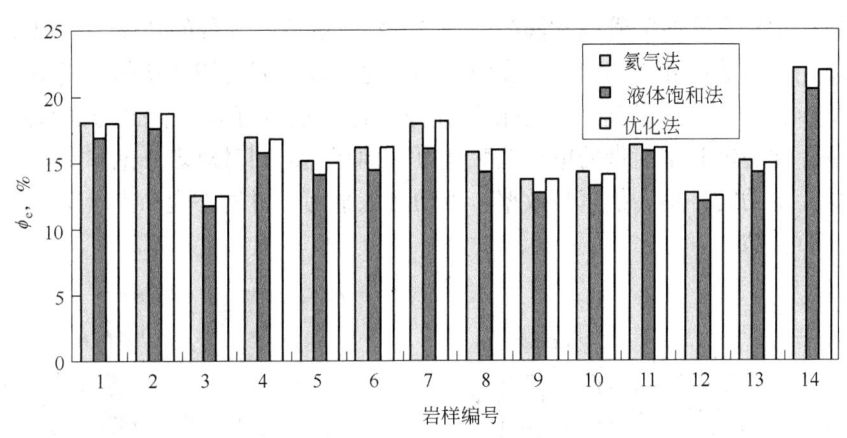

图 2.23　不同方法测量岩样孔隙度的结果

可以看到，液体饱和法测量孔隙度（方法参见孔隙度实验测量方法部分）比氦气法测量孔隙度相差 0.5%到 2%，说明这种常规加压饱和方法存在不足。

2. 基于 CO_2 置换的低渗透储层岩心饱和方法

低渗透或者致密储层岩心饱和程度不高的原因，主要有两个：一个是岩心的孔喉半径较小，饱和盐水进入孔隙需要克服的毛细管阻力大；另一个是孔隙表面容易吸附有天然气和空气（N_2、O_2 等），吸附气的存在会降低岩石的渗透率并增加岩心孔隙特别是微孔隙进液的困难。实验室可通过增加饱和压力以克服毛细管阻力的影响，但克服吸附气的影响比较困难，是提高低渗透储层岩心的饱和程度的关键。研究表明，当真空度达到 $(0.1\sim1.3)\times10^{-3}$ Pa 时才能有效地排出岩石中的吸附气体。但是，实验室广泛使用的旋片式真空泵的空载极限真空度一般仅为 1.3Pa，负载后真空度受饱和空间的大小、密封状况等因素影响一般会降低几帕到几十帕不等，远大于消除吸附气影响所需的压力，难以去除吸附气。如果将旋片式真空泵作为前级泵，配合使用高真空泵（如分子泵、扩散泵等）可实现更高的真空度，但分子泵等高真空泵存在费用昂贵、养护困难、容易损坏的问题，并且饱和装置的气密性也限制了分子泵的使用，很难在实验室有效使用。

目前，利用 CO_2 气体更易于吸附于岩心表面并且易溶于水的性质，开发了基于 CO_2 置换吸附气原理的低渗透储层岩心饱和方法。该方法与传统饱和方法的主要区别是在常规方法的基础上加入了 CO_2 气体置换 O_2、N_2 等天然气气体的过程。具体消除吸附气的步骤是：首先，在常规抽真空去除岩心饱和室空气达到极限真空后，向岩心饱和室注入 $1\sim2$MPa 的 CO_2 气体并平衡 $1\sim2$h，当 CO_2 气体置换出孔隙表面的 O_2、N_2 等天然气后卸压并抽真空将置换出的气体和未吸附的 CO_2 气体排出，反复 $2\sim3$ 次后确保岩心孔隙表面完全为 CO_2 气体吸附。其次，利用 CO_2 气体易溶于盐水的特性，在常规饱和方法的抽真空进液时将岩心孔隙表面吸附的 CO_2 气体溶于盐水后抽真空排出。此外，为尽可能降低 CO_2 等气体在孔隙表面的吸附量，还可以采用加温的辅助方式进一步减小吸附气对低渗透岩心饱和的影响。

为了实现用 CO_2 置换 N_2、O_2 等气体，在通用的岩心抽真空加压饱和装置已有的盐水罐、岩心饱和室、真空泵、手动打压泵以及管线阀门的基础上增加了电加热装置、CO_2 气瓶及其与岩心饱和室连接的管线和阀门（图 2.24）。装置各部分的功能为：CO_2 气瓶是气源；盐水罐用于盛放饱和用的盐水；真空泵用于盐水以及岩心饱和室的抽真空，通过建立饱和室的负压，为 CO_2 气体进入岩心置换孔隙气体创造良好条件，也为盐水进入岩石孔隙做好准备；岩心饱和室附带的电加热装置可在抽真空的同时对岩心饱和室干燥，起到类似真空干燥箱的功能，提高抽真空效率；手动打压泵用于对岩心饱和室增压，进一步促使盐水进入岩石孔隙。

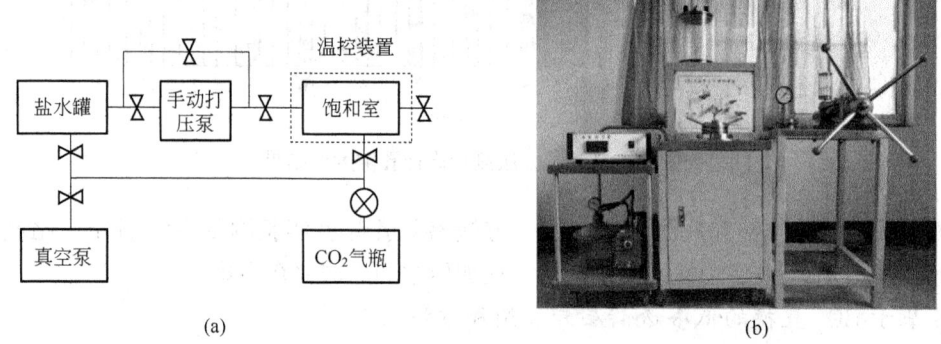

图 2.24 基于 CO_2 置换低渗透岩心抽真空加压饱和装置图

图 2.25 给出了基于 CO_2 置换的低渗透岩心抽真空加压饱和装置的工作流程图。与常规饱和方法流程的区别是在岩心室抽真空时加入了 CO_2 置换步骤和加温步骤。

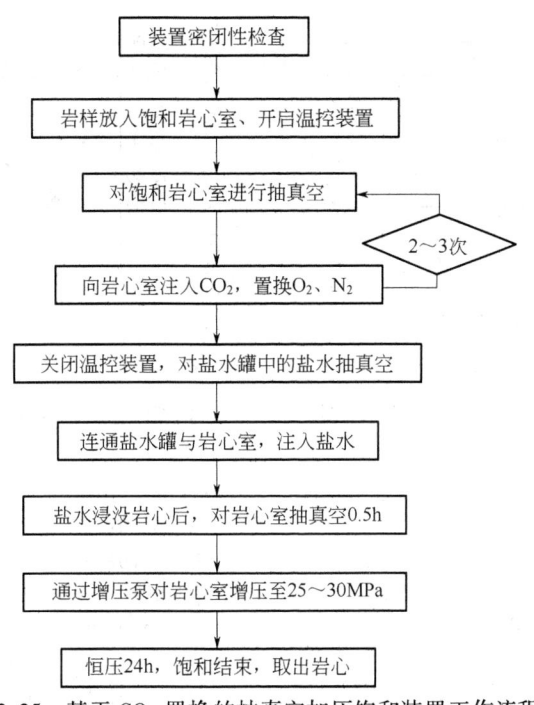

图 2.25 基于 CO_2 置换的抽真空加压饱和装置工作流程图

图 2.26(a)、图 2.26(b) 给出了应用 CO_2 置换的抽真空加压饱和方法饱水法孔隙度相对增量（使用新装置后饱水法孔隙度增量与氦气法孔隙度的比值）与氦气法孔隙度和渗透率的交会图。随着岩心的孔隙度、渗透率变小，孔隙度相对增量逐渐增大。分析其原因与岩石结构和物性有关，岩石颗粒越细，孔隙度和孔隙尺寸越小，比表面积越大，岩石吸附气体能力越强，则吸附气对饱和程度的影响就越大，新方法对饱和程度的提升就越明显。图 2.26(c)、图 2.26(d) 为饱水法孔隙度相对增量与平均粒径和泥质含量的交会图。其中，大庆油田地区岩心平均粒径相对较小且泥质含量最高，岩心孔隙度和渗透率小，饱水法孔隙度的相对增量最大；莫索湾地区平均粒径小但泥质含量低，岩心孔隙度和渗透率较大，饱水法孔隙度相对增量最小。以上表明基于 CO_2 置换的抽真空加压饱和方法的应用效果受岩性、物性的综合影响，对岩性越细、孔隙度和渗透率越低的储层有更好的应用效果。

基于 CO_2 置换的低渗透储层岩心饱和方法是针对低渗透储层岩心表面吸附气对饱和的影响提出的，主要利用了 CO_2 气体更易于吸附于岩心表面并且易溶于水的性质，这是该方法与常规方法的不同之处，理论上更能够降低吸附气对岩心饱和的影响。在目前实验研究的范围内，应用 CO_2 置换的抽真空加压饱和方法测量得到的饱水法孔隙度相对传统饱和方法得到的饱水法孔隙度的平均绝对增量为 0.54%，与氦气法孔隙度相比平均偏差一般小于 0.14%，表明新方法较传统方法在饱和效果有明显改善且近于完全饱和。并且，应用 CO_2 置换的抽真空加压饱和方法测量的饱水法孔隙度相对增量有随岩性变细、孔隙度和渗透率降低而增大的趋势，表明该方法对岩石表面吸附气的去除有很好的针对性，可用于低孔隙度、低渗透率储层岩心的饱和。

该实验装置的装配简单、易于操作，建议将该方法在岩石物理实验室推广使用。考虑到抽真空本身会减少气体在岩心表面的吸附，提高真空度能够进一步提高方法的应用效

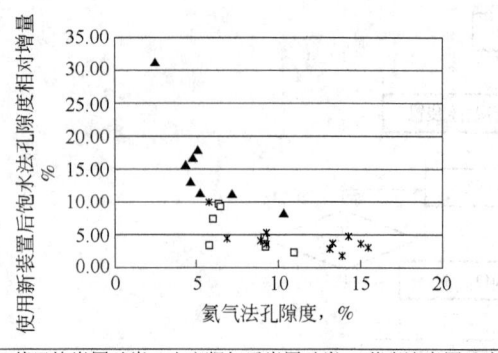
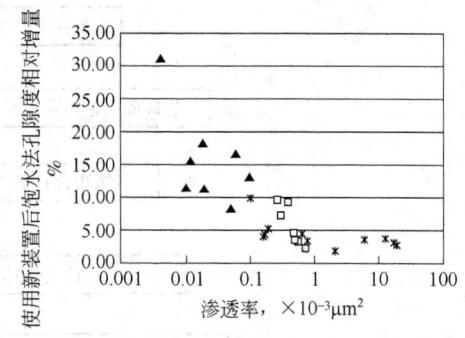

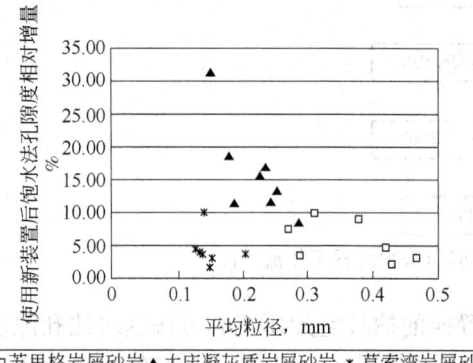
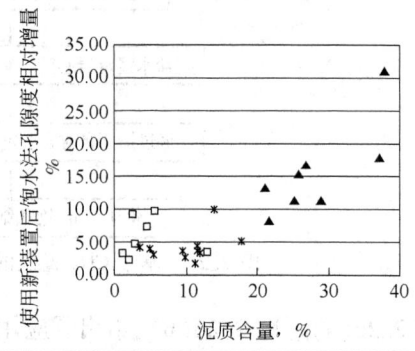

图 2.26 基于 CO_2 置换的抽真空加压饱和方法应用效果

果。此外，该方法可能具备在有大量吸附气存在的页岩、煤等储层中应用的潜力，有必要开展进一步的相关研究。

2.2.7 饱和度控制

油气藏的形成和开发是一个储层孔隙内油水饱和度不断变化的过程：在油气经过初次运移和二次运移进入储层后，储层内部含油气饱和度不断增大，逐渐成藏；在油气开发阶段，含油气饱和度不断减小，含水饱和度不断上升。从测井岩石物理的角度，需要了解自由水层（含水饱和度100%）、油气层（含水饱和度为束缚水饱和度）和油（气）水同层（可动油气、可动水、束缚水、残余油气并存）等不同含油气饱和度储层的物理性质，因此客观上需要有相应的饱和度控制技术。

1. 饱和度控制技术分类及其特点

一般地，油气驱水（即水湿油藏，此处为一般叫法）过程中含水饱和度下降，通常称为降饱和度。水驱油气（即油湿油藏，此处为一般叫法）过程中含水饱和度上升，通常称为增饱和度。实验中，增水法就是通过水驱油、气增饱和度的技术，减水法就是油、气驱水降饱和度的技术。一般采用控制技术主要有离心法、驱替法（分为无隔板和有隔板的驱替方法）。此外，还有吸水驱气法及蒸发法（效果上看属于减水法）。表2.7列出了现用的饱和度控制方法。

表 2.7 含水饱和度的控制方法、技术及其特点

饱和度控制方法		饱和度控制技术	特点
增水法	水驱气	离心法	符合工作液进入油气藏的情况。隔板法可较好解决毛细管平衡问题，但实验周期成数倍增长
		驱替（饱和，无隔板）	
		驱替（有隔板）	
	水驱油	驱替（无隔板）	
		驱替（有隔板）	
		离心法	
	吸水驱气法	毛细管力吸水	
减水法	油驱水	离心法	符合油气进入储层的情况。隔板法可较好解决毛细管平衡问题，但实验周期成数倍增长
		驱替（无隔板）	
		驱替（有隔板）	
	气驱水	离心法	
		驱替（无隔板）	
		驱替（有隔板）	
	蒸发法	蒸发	不符合上述油藏内部流体替换的任何一种情况

2. 蒸发法

将饱和盐水岩样放入空气或烘箱中蒸发失水降含水饱和度，增加空气饱和度。

这种方法的原理实际上是开尔文方程，其毛细管压力 p_c（psi）可以写成

$$p_c = \ln(\mathrm{RH}/100) RT/V_m \tag{2.17}$$

式中　RH——相对湿度，%；

R——宇宙气体常数，为 8.314J/mol；

T——绝对温度，K；

V_m——水的摩尔体积，L/mol。

可见，烘干的过程中 RH 不断变小，则毛细管压力 p_c 不断变大将水驱排出来。

蒸发法的缺点是它不符合油气藏形成过程，蒸发过程中导致岩样孔隙内水分布不均衡，经常"里湿外干"，且孔隙里面的水如果是盐水的话则会造成矿化度发生变化（盐颗粒不会排出），在需要测量与矿化度有关的物理性质如电阻率时会存在问题。当然，如果只是干燥岩石以满足测量孔隙度和渗透率的需要是可以的，并且有快速降饱和度的特点。这种降饱和度方法的变种是"气吹法"，即用气通过岩样后携带盐水流出降饱和度。这种方法同样不适用于测量与矿化度有关的物理性质如电阻率等。当采用无隔板的气驱水时，实际上也会产生气吹法的实验效果。蒸发法是极度不推荐的。

蒸发法的使用需要非常小心。如果测量岩石的电阻率，则极度不推荐。有现场实验室的专家认为蒸发法能够有效地降低致密岩石的含水饱和度，所以能够方便地用其测量致密岩石的电阻增大率（定义参见电阻率实验测量部分），实际上是不合常理的，应用效果也是不好的。电阻增大率的定义是为了消除孔隙结构、地层水电阻率对含油气岩石电阻率的影响提出的，蒸发法事实上是无法保障地层水电阻率的影响的。而且，此方法对饱和度的

控制与油气成藏过程完全不同。

3. 吸水驱气法

吸水驱气是近年来针对致密气藏的饱和以及降含水饱和度比较困难提出的,其物理基础是毛细管力。对于亲水的岩石(一般致密气藏的润湿性多为亲水),当用水驱排多孔岩石内部的空气时,毛细管压力 p_c 是动力,有

$$p_c = \frac{2\sigma\cos\theta}{r} \tag{2.18}$$

式中　σ——表面张力,mN/m;

　　　θ——接触角,(°);

　　　r——孔隙半径,mm。

可见,当孔隙内的两相流体固定,则表面张力和接触角固定,孔隙半径越小,毛细管压力越大,利用这个原理,对于致密气藏,孔隙半径越小,驱替力越大则越容易饱和。

吸水驱气实施时,采用方法为:首先,用毛刷蘸盐水逐渐涂湿干岩样表面;然后放入盐水中(不完全淹没),依靠毛细管压力吸水增加水饱和度,随着时间推进,盐水会从小到大依次充满孔隙,从而逐渐降低空气饱和度。

该方法的特点是气、水的分布受毛细管压力控制,基本上能够反映水驱气藏时气和水的分布特点。因此,对致密气藏,当驱替难以进行时,可使用该方法考察水驱后气水分布情况,以及考察物理性质如电阻率随含水饱和度的变化。这种方法的缺点是不容易控制含水饱和度的变化。

4. 驱替法(无隔板)

驱替法是使用加压的办法,用油、气(盐水)驱替盐水(油气)来降低(增加)盐水饱和度。图 2.27 是一套典型的油水相对渗透率实验测量装置。该套装置包括:岩心夹持器,用于夹持岩心完成油、气驱水或者水驱油、气实验,一般为哈斯勒夹持器;围压泵,用来对岩样施加围压;恒速恒压泵,用于提供驱替动力;带活塞的中间容器,用于盛放驱替介质;出口段油水分离器,用于分别计量油水体积,以计算油水的流量以及岩石的含油水饱和度。这一方法的特点是符合油气藏形成(油气运移降饱和度)和开发(水驱油气增饱和度)的动态变化(气体驱水相当于气吹法,除外)。并且,相对有隔板的驱替法具有快速的特点。这一方法的缺点是容易出现微观指进、末端效应(仅实验中出现,

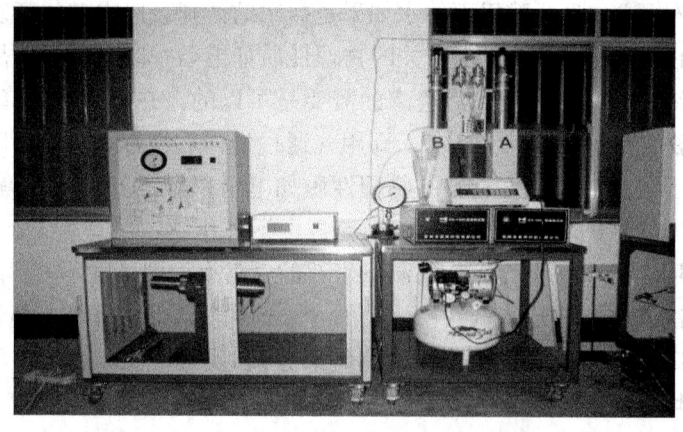

图 2.27　典型的油水相对渗透率实验测量装置

岩样较长时可一定程度缓解)、入口端水侵效应现象造成孔隙内流体分布的不均匀。特别是，由于驱替快会造成孔隙内驱替相和被驱替相的微观分布不平衡，从而引起毛细管压力不平衡，会对渗流实验和电阻率测量产生影响。

一般地，如允许的测试时间较短时可使用该方法，应谨慎使用其结果。

5. 驱替法（有隔板）

相对无隔板的驱替法，在哈斯勒夹持器的内部做了细微调整：岩样出口端加亲水（出水端）或亲油（出油端）半渗透隔板后，使用加压的办法用油、气（盐水）驱替盐水（油气）来降低（增加）盐水饱和度。图2.28是半渗透隔板法毛细管压力与电阻率联测装置的夹持器的示意图。

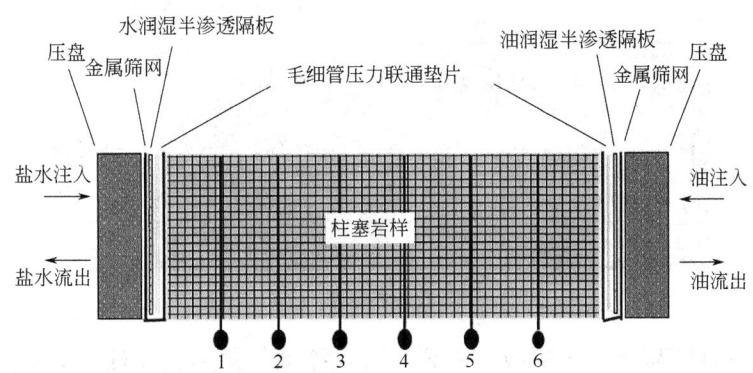

图2.28　Shell公司电阻率与毛细管压力联测装置的岩心含水饱和
度控制以及电阻率监测、测试部分

图中，压盘传递轴压使各个组件紧密接触。金属筛网用于保持电的耦合。当压力小于突破压力时，水润湿半渗透隔板仅允许水通过，油气不能通过；当压力小于突破压力时，油润湿半渗透隔板仅允许油或者气通过，盐水不能通过。因此，水只能从示意图的左侧进出，油气仅能从右侧进出。半渗透隔板的使用，可较好地克服末端效应，驱替的方式和效果符合油气藏形成（油气运移降饱和度）和开发（水驱油气增饱和度）的动态变化，能够允许驱替相和被驱替相在孔隙内部很好地分布均衡。因此，用该方法改变饱和度后测试的渗流和电阻率等物理性质可作为标准，强烈推荐使用。但是，该方法使用半渗透隔板后由于需要时间让驱替相和被驱替相微观分布均衡，客观上需要更多的时间，方法的缺点就是实验周期长（一个实验周期需要5~7周），这对于现场的生产型实验室有很大的时间压力，但是又是一个不得不接受的现实。

6. 离心法

离心法是使用离心机旋转使油气（盐水）驱盐水（油气）来降低（增加）含水饱和度。其驱替动力 p_c 可以写为

$$p_c = 1.097 \Delta \rho n^2 H \left(r_e - \frac{H}{2} \right) \times 10^{-8} \tag{2.19}$$

式中　p_c——毛细管压力，MPa；

$\Delta \rho$——油（气）水密度差，g/cm³；

n——离心机转速，r/min；

H——岩样的长度，cm；

r_e——岩样的外旋转半径，cm。

在选用离心机时，一定不能只注意离心机的转速，还需要注意岩样的外旋转半径和岩样的长度。有的离心机虽然标注的转速参数较大，但是由于是角转子（一般是3个，120°夹角），能够产生的离心力非常有限。目前，比较流行的是水平四转子的离心机，如图2.29所示的离心机，其驱替能力可以达到3.5MPa甚至更高。

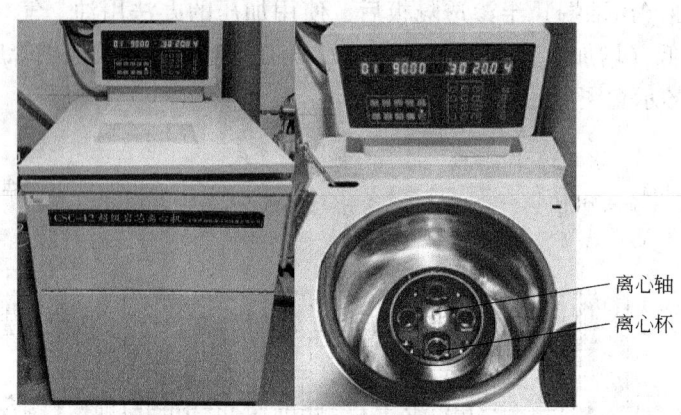

图2.29 超级离心机

离心法的特点同驱替（无隔板）一样，可模拟油气藏形成（油气运移降饱和度）和开发（水驱油气增饱和度）的动态变化，但是也存在不能够确保驱替相和被驱替相的微观分布均衡的弊端。

离心机在工作时，密度小的流体靠近离心轴，密度大的会远离离心轴。因此，水驱油气和油气驱水的离心盒摆放位置是不同的（图2.30）。

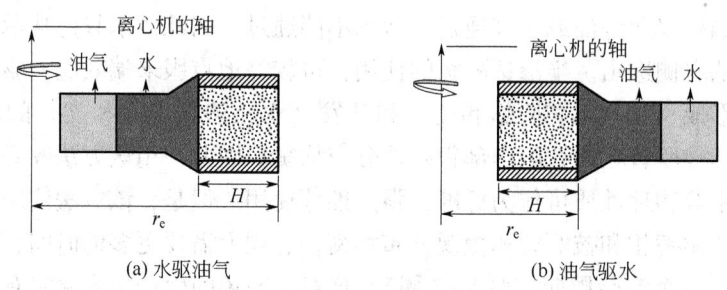

(a) 水驱油气　　　　　　　(b) 油气驱水

图2.30 离心盒的摆放位置

7. 饱和度计量方法

在增饱和度和降饱和度时，同时需要计量岩样内部含油水饱和度。按照概念，饱和度为某种流体的体积与孔隙体积的比值。

实验过程中，测量方法有称重法、体积计量法。

1) 称重法

如果有流体排出，岩样质量会减少，饱和度 S_i 为

$$S_i = \frac{M_i - M_{dry}}{V_p \rho} \tag{2.20}$$

式中 M_i——计算饱和度时岩样的质量，g；
M_{dry}——干岩样的质量，g；
ρ——孔隙内流体的密度，g/cm³；
V_p——孔隙体积，cm³。

称重法适合孔隙内除空气外仅有一相流体的情况。

2) 体积计量法

如果有流体排出，岩样内流体的体积会减少，计量流体排出体积 V_d，则饱和度 S_i 为

$$S_i = S_o - \frac{V_d}{V_p} \tag{2.21}$$

式中 S_o——初始饱和度，%。

体积计量法适用于油水两相和气水两相渗流的饱和度计算。

2.3 疏松砂岩的制备方法

某些欠压实（埋藏较浅或者超压地层）或者胶结物成分以泥质为主的疏松砂岩油气层，胶结程度较弱，砂岩颗粒较粗，钻井取心时使用衬筒取心虽然能够成型或基本成型，但由于其机械强度较低，容易破碎、解离而丧失对储层特征的代表性。特别地，某些富油疏松砂岩油藏，比如稠油砂岩是一类非常特殊的岩性种类，其质地疏松，富含油气。由于开发期油藏水洗严重，稠油砂岩基本无法保持颗粒间结构，极易剥落散开，看似成形，实则上手即碎，保存不易，应用常规技术很难剖切和钻取。因此，对疏松砂岩的保存、钻切、封装保护等方面都需要专门的技术。

2.3.1 疏松砂岩岩心的保存

一般地，在取心现场使用干冰冷冻法冷冻岩心。如不需要长途运输，把长 5~10cm 的整块岩心在-15℃以下冷冻 8h 以上。如外运，应在岩心周围覆盖干冰，以保持其冷冻状态。

对于孔隙度样品，可封厚度 5mm 左右的蜡壳。如裂成小块，可选取较大的封蜡。无大块，选取大于 10g 的封蜡，妥善保管，避免碰碎岩样。

2.3.2 疏松砂岩样品的制备

1. 孔隙度样品的制备

测量孔隙度，比如使用煤油法测量孔隙度，使用块状样品就可以。取样的时候，劈开冷冻岩心，取中心部位 15~25g 块状岩样（煤油法测量），室温下解冻至表面无水珠，一般需 4h 以上。

2. 渗透率样品的制备

测量渗透率，需要使用柱塞样。目前，疏松砂岩的岩心柱钻取采用不同的钻取工艺，通常分为两种方式：水冷湿钻（用水作为钻取冷却循环工作液）与气冷干钻（空气作为

钻取冷却循环工作液），较特殊一点的工艺就是采用冷冻和液氮冷却钻心的技术。通常，先在注有液氮的冷冻罐（-196℃）冷冻岩心 0.5h，用液氮做冷却剂钻取直径 2.5cm 的柱塞岩样，再放入冷冻柜冷冻 2~3min，在切片机上切平端面，编号后放入冷柜保存即可。这种液氮钻取技术针对一般的疏松砂岩岩样取心基本能满足。但是，对于富油疏松砂岩或者油砂，采用目前已有的冷冻取心技术，样品基本无法满足取心要求，失败的概率非常高。这时候，建议采用图 2.8 所示的金刚石线切割车床获取柱塞样。图 2.31 为应用金刚石线切割技术制备加拿大油砂柱塞样的效果。加拿大油砂埋藏浅，成岩作用弱，非常疏松，强度很小。实际运用金刚石线切割的时候，切割效率很高，即便没有采用液氮冷冻，也能够切割成型。从切割后残样随即解体的情况看，采用常规钻取技术以及液氮钻取是无法获得柱塞岩样的。

图 2.31 加拿大油砂的金刚石线切割制作效果

3. 样品封样保护方法

为了能够在常温或者高温条件下洗油处理以及实验测试，保证过程中样品保型（不改变长度和直径）并且在流体驱替过程中颗粒不掉落移动，应该进一步封固岩样。常规的封样方法是在冷冻条件下测量岩样直径、长度后，在侧面缠绕两层聚四氟乙烯带（生料带），装配铅锡合金套筒，在两端面镶嵌两层不同孔径铜丝网，内径小的贴近样品（能够防止颗粒的散落和移动，也能够提供沿岩样轴向上电阻率测量的耦合），镶边 1mm，加压密封，这样的样品可以做渗透率、相对渗透率等测量。近年来，考虑到操作简便的问题，以及考虑到电阻率测量的绝缘问题（铅锡合金套筒导电），开始用热缩套（加热后会缩径）、细筛网、铜帽来封装岩样（图 2.32）。

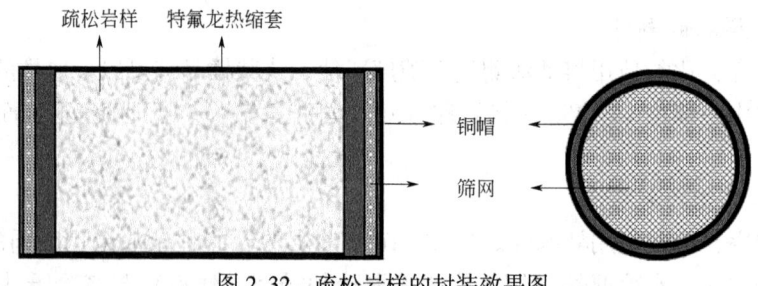

图 2.32 疏松岩样的封装效果图

特氟龙热缩套可保证岩样不松散并且侧面绝缘，以满足电阻率测量的要求，细筛网和铜帽可以保证在岩样洗油、饱和等处理以及渗透率、相对渗透率等渗流实验测量时颗粒不从端面脱落和移动，具备更多优点，其使用越来越广泛。

2.4 油样、气样、水样制备方法

含油气储层物理性质是骨架物理性质、物性（孔隙度、渗透率、孔隙结构）、流体（油、气、水）物理性质及其分布特征（饱和度）的函数。在已经了解其他信息的情况下，只有认识到油、气、水物理性质差异及其分布特征，才能正确认识含油气储层的物理响应特征和差异。同时，在含油气储层岩石物理实验过程中，特别是孔隙流体替换有关的实验，比如孔隙度测量、渗透率实验、岩电实验、相对渗透率实验等需要开展流体替换的实验，需要使用油样、气样和水样。因此，需要掌握其制备方法。

2.4.1 石油物理性质及实验室制备方法

地下油气藏中的石油是气态、液态及固态烃类及其衍生物的混合物，在成分上以烃类为主，含有数量不等的非烃化合物及多种微量元素。构成石油的主要元素有碳（C）、氢（H），其中碳元素约占83%~87%，氢元素占10%~14%，这两种元素占石油元素组成的95%~99%。另外石油中还含有少量的氧（O）、硫（S）、氮（N）等元素，一般约占0.3%~7%，且多数小于5%。在相态上以液态为主，可溶有大量烃气及少量非烃。地下原油处于一定温度、压力之下，有一定溶解气，因此与地面原油（常温、常压下已经脱气）的物理性质有一定差异。

1. 石油物理性质

石油的基本物理性质包括颜色、相对密度和密度、黏度、导电性、溶解性、凝固和液化、蒸发和挥发、荧光性、旋光性和热值。在测井岩石物理方面，常用的性质主要包括颜色、相对密度和密度、黏度、导电性、溶解性。

1) 颜色

在透射光下石油的颜色可以呈淡黄、褐黄、深褐、淡红、棕色、黑绿色及黑色等色。原油颜色的深浅主要取决于胶质、沥青质的含量。其含量越高，则颜色越深。一般情况下，原油多为黑色。

2) 相对密度和密度

液态石油的相对密度，我国是指在101325Pa下，20℃石油与4℃纯水单位体积的质量比。欧、美各国则是用101325Pa下，60℉（15.55℃）石油与4℃纯水单位体积的质量比。

石油相对密度一般介于0.75~0.98之间。通常把相对密度大于0.9的称为重质石油，小于0.9的称为轻质石油。

密度是单位体积物质的质量，单位为g/mL或g/cm^3。密度与物质本身的成分和体积变化相关。液体石油的体积，在常压下随温度升高而增大。地下石油的密度不仅与温度、压力有关，还与溶解气量有关，且后者才是影响石油密度的本质因素。

地下石油含有较多的溶解气，是地下石油密度较地表石油密度低的根本原因。

3）黏度

黏度是反映流体流动难易程度的一个物理参数。黏度值实质上是反映流体流动时分子之间相对运动所引起内摩擦力的大小。黏度大则流动性差，反之则流动性好。黏度分为动力（绝对）黏度、运动黏度。

石油地质学上通常所用的黏度多指动力黏度（为运动黏度和密度的乘积）。此外，有赛氏黏度、雷氏黏度、恩氏黏度等。它们都是条件黏度，都是使用特定仪器、在特定条件下测定的。

石油黏度大小主要取决于其化学组成，小分子的烷烃、环烷烃含量高，黏度就低；而石蜡、胶质、沥青质含量高，黏度就高。石油黏度随温度升高、溶解气量增加而降低。因此，地下石油的黏度常低于地表。在地下 1500~1700m 处，石油的黏度通常仅为地表的一半。

4）导电性

石油及其产品具有极高的电阻率，石油的电阻率为 10^9~$10^{16}\Omega\cdot m$，与高矿化度的油田水（电阻率为 0.02~$0.1\Omega\cdot m$）和沉积岩（1~$10^4\Omega\cdot m$）相比，可视为无限大。石油及其产品都是非导体。

5）溶解性

石油不溶于水，但能溶于氯仿、四氯化碳、苯、石油醚、醇等有机溶剂。温度越高则石油的可溶性也随之升高。虽然原油几乎完全不能和水相溶解，但仍有少量水分会"包溶"于原油中，一定条件下可自然析出。

2. 实验用油类型以及制备方法

测井岩石物理实验中主要使用地层原油和模拟油两种类型。

1）地层原油的优点以及制备方法

开展有关流体分布或渗流方面的岩石物理实验，如润湿性、毛细管压力和相对渗透率实验时，推荐使用地层原油来准确模拟其在地层中的渗流特点。有关润湿性的"老化"恢复，需要使用原油样。

地层原油除了 PVT 取样外，主要通过井口放出原油提取油样。由于原油常含有砂粒和其他固体杂质以及含有油田水，需要做一些处理提纯。通常，通过滤纸等过滤手段去除原油中的砂粒和其他固体杂质，通过让原油流经无水氯化钙吸附脱水或者通过离心来分离油水。

2）模拟油的优点以及制备方法

如果出于估算储层产能的需要，模拟的性质主要是黏度。难以得到足够的地层原油样或者在常温常压条件下测量反映流体流动性的物理性质（如相对渗透率）时，可根据地层原油测试结果制作模拟油来进行岩石物理实验。通常，模拟油是采用煤油和白油等炼制油勾兑而成，比较容易得到并可以很方便地控制黏度。因为模拟油没有极性组分，如果岩样没有恢复地层的润湿性，实验中油、水的微观分布状态与油藏的情况有偏差。

模拟油的常用原料为白油（白矿油，液体石蜡）、煤油（灯油、灯用煤油）。其中，白油的黏度较高，其牌号为其运动黏度等级，牌号越大，黏度越大。如26#白油在40℃的运动黏度为26mm²/s，46#白油在40℃的运动黏度为46mm²/s；煤油（灯油、灯用煤油）的黏度较低。两种炼制油的黏度差异大，混合后可以得到不同黏度的模拟油。

通常，采用下述方法配置模拟油。

（1）根据原油分析资料确定原油在油藏温度压力条件下的动力黏度 μ_{soil}（mPa·s），根据实验要求确定需配制模拟油的体积 V_{soil}（mL）；

（2）由白油和煤油的动力黏度 μ_{woil} 和 μ_{coil}，以及密度 ρ_{woil}（g/mL）和 ρ_{coil}（g/mL），计算所需白油和煤油的质量 m_{woil}(g)、m_{coil}(g) 和体积 V_{woil}(mL)、V_{coil}(mL)，有

$$V_{soil} = V_{woil} + V_{coil} = \frac{m_{woil}}{\rho_{woil}} + \frac{m_{coil}}{\rho_{coil}} \tag{2.22}$$

$$\lg(\lg\mu_{soil}) = \frac{m_{woil}}{V_{soil}}\lg(\lg\mu_{woil}) + \frac{m_{coil}}{V_{soil}}\lg(\lg\mu_{coil}) \tag{2.23}$$

或者

$$\frac{1}{\mu_{soil}} = \frac{m_{woil}}{V_{soil}\mu_{woil}} + \frac{m_{coil}}{V_{soil}\mu_{coil}} \tag{2.24}$$

（3）计量质量或者体积后均匀混合即可。

2.4.2 天然气物理性质及实验室制备方法

天然气是一种高效、高能、低污染的特殊能源，从广义上理解，是指自然界天然存在的一切气体。狭义的天然气指蕴藏在地层内的碳氢化合物可燃气体。主要含有甲烷、乙烷等低分子烷烃和丙烷、丁烷、戊烷及其他重质气态烃类。

1. 天然气物理性质

天然气的基本物理性质包括密度、黏度、电阻率、溶解性、临界温度和临界压力、扩散、热值等。在测井岩石物理方面，常用的性质主要包括密度、黏度、电阻率、溶解性、压缩系数。

1）密度

天然气的密度定义为单位体积气体的质量。在101325Pa、15.55℃下，天然气中主要烃类成分的密度为 0.6773（甲烷）~3.0454kg/m³（戊烷）。天然气混合物的密度一般为 0.7~0.75kg/m³，其中石油伴生气特别是油溶气的密度最高可达150kg/m³甚至更大些。天然气的密度随重烃含量尤其是高碳数的重烃气含量增加而增大，也随 CO_2 和 H_2S 的含量增加而增大。

天然气的相对密度是指在相同温度、压力条件下天然气密度与空气密度的比值，或者说在相同温度、压力下同体积天然气与空气质量之比。天然气烃类主要成分的相对密度为0.5539(甲烷)~2.4911(戊烷)，天然气混合物的相对密度一般在0.56~1.0之间，也随重烃及 CO_2 和 H_2S 的含量增加而增大。

天然气在地下的密度随温度的增加而减小，随压力的增加而加大。但鉴于天然气的压缩性极强，在气藏中，天然气的体积可缩小到地表体积的1/200~1/300，压力效应远大于

温度效应，因此地下天然气的密度远大于地表温压下的密度，一般可达 150~250kg/m³；凝析气的密度最大可达 225~450kg/m³。

2）黏度

天然气黏度是研究天然气运移、开发和集输的一个重要参数。天然气的黏度很小，在地表常温常压下，只有 $n \times 10^{-2} \sim 10^{-3}$ mPa·s，远比水（1mPa·s）和油（1~1000mPa·s）黏度低。

天然气黏度与气体组成、温度、压力等因素有关。在接近大气压的低压条件下，压力对黏度的影响很小（可忽略），黏度随温度增加而变大，随相对分子质量增大而减小；而在较高压力下，天然气的黏度随压力增加而增大，随温度升高而减小，随相对分子质量增加而增大。此外，天然气黏度还随非烃气体增加而增加。

3）电阻率

天然气的电阻率与石油较接近，与高矿化度的油田水（电阻率为 0.02~0.1Ω·m）和沉积岩（1~10⁴Ω·m）相比，可视为无限大。

4）溶解性

天然气在不同程度上溶解于水和石油中。当压力减小、温度升高、水的含盐量增加时，天然气在水中溶解度减小。

5）压缩系数

压缩系数是指 1mol 真实气体的体积与理想气体的体积的比值。因为真实气体不仅分子有一定体积，而且分子间还有一定引力，故压缩系数小于 1。

2. 天然气实验室制备方法

1）常用气体

实验室常用氮气、氦气、甲烷气、乙烷气、二氧化碳气可以直接购买，按照实验需求通过降压、增压使用。

2）天然气配制

实验室可以根据井口的单脱气组分配制天然气。例如需要配制 16MPa 滴西 18 井天然气（单脱气组成，以甲烷代替重烃组分后 N_2 含量为 4.09%、C_2H_6 含量为 4.99%、C_3H_8 含量为 1.84%、CH_4 含量为 89.08%），可以依据道尔定律计算每种组分充入的分压值，有 CH_4 分压值为 14.25MPa、C_2H_6 为 0.80MPa、C_3H_8 为 0.30MPa、N_2 为 0.65MPa，可以采用图 2.33 所示的配样装置配制天然气样品。

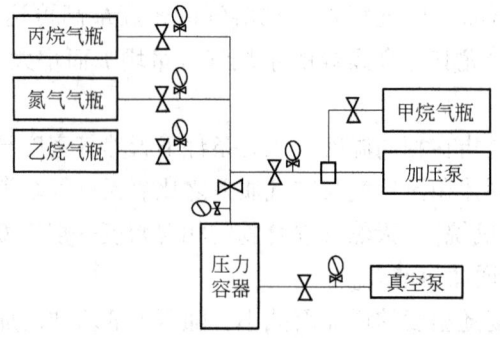

图 2.33　天然气样配样装置示意图

2.4.3 地层水物理性质及实验室制备方法

从广义上理解，地层水（也称为油田水）是指油气田区域内的地下水，包括油（气）层水和非油（气）层水。狭义的地层水是指油气田范围内直接与油（气）层连通的地下水，即油（气）层水。测井岩石物理实验说到的盐水实际上就是油田水或者地层水。

按照水在其中的储存状态，可分为吸附水、毛细管水和自由水三种产状。吸附水呈薄膜状被岩石颗粒表面所吸附，在一般温度、压力条件下不能自由运动。毛细管水存在于毛细管孔隙—裂缝中，只有当作用于水的力超过毛细管力时才能运动。自由水存在于超毛细管孔隙—裂缝中，在重力作用下能自由运动。还可以根据水与油、气的相对位置关系，分为底水和边水。底水是指含油（气）外边界范围以内与油（气）相接触，且位于油气之下承托着油气的油（气）层水。边水是指含油（气）外边界以外的油（气）层水。

地层水矿化度是指单位体积水中所含各种离子、分子和化合物的总量，通常称为水的总矿化度。总矿化度可用干涸残渣（将水加热至105℃，水蒸发后剩下的残渣）重量或离子总量来表示，单位为mg/L、g/L。天然水可根据矿化度分为淡水（矿化度<1000mg/L）、微咸水（1000~3000mg/L）、咸水（3000~10000mg/L）、盐水（10000~50000mg/L）和卤水（>50000mg/L）。注意：mg/L为矿化度的国际标准单位。

地层水矿化度资料通常来自试油试水提取到水样的水分析资料，如表2.8所示。工作中常发现不同时间的水分析资料并不相同，这点应注意。具体原因与钻井液、完井液（固井水泥、压裂液等）侵入地层后造成污染并且影响没有消除有关。在使用地层水分析资料的时候一般采取措施：空间上以同层或临近层为准，时间上以最新的资料为准。

表2.8 X油田地层水分析化验资料

正离子		负离子	
类型	矿化度，mg/L	类型	矿化度，mg/L
$K^+ + Na^+$	8788.53	SO_4^{2-}	1549.15
Mg^{2+}	28.29	Cl^-	13896.4
Ca^{2+}	863.08	HCO_3^-	197.02

油田水的分类基本上都是以 Na^+、Mg^{2+}、Ca^{2+} 和 Cl^-、SO_4^{2-}、HCO_3^- 的含量及其组合关系作为分类基础。在各分类方案中，以苏林分类（表2.9）较为简明，也为国内外广泛采用。通常，油田水的类型以碳酸氢钠型和氯化钙型最为常见。在中国东部的大庆油田、胜利油田的浅层等油气田，以碳酸氢钠型油田水比较常见。在中国西部的新疆、青海和塔里木等油田，常见氯化钙型油田水。

表2.9 地层水水型的苏林分类

类型		成因系数		
		Na^+/Cl^-	$(Na^+-Cl^-)/SO_4^{2-}$	$(Cl^--Na^+)/Mg^{2+}$
大陆水	硫酸钠型	>1	<1	<0
	碳酸氢钠型	>1	>1	<0

续表

类型		成因系数		
		Na^+/Cl^-	$(Na^+-Cl^-)/SO_4^{2-}$	$(Cl^--Na^+)/Mg^{2+}$
海水	氯化镁型	<1	<0	<1
深层水	氯化钙型	<1	<0	>1

1. 地层水的物理性质

地层水的基本物理性质包括颜色和透明度、气味和味道、相对密度、黏度、导电性等，这些也是测井岩石物理实验方面比较关注的性质，特别是相对密度、黏度和导电性与岩石的孔隙度、渗透率、相对渗透率和电阻率直接相关。

（1）颜色和透明度：含 H_2S 者呈淡青绿色；含铁质胶状体（Fe^{2+}、Fe^{3+}）者带淡红色、褐色或淡黄色。油田水因含胶体和乳化物，一般不透明或呈混浊状。

（2）气味和味道：当水中溶有较多重烃气及（或）少量液态烃时，往往具有汽油或煤油味；含 H_2S 气体时常常有刺鼻的腐蛋味；溶有氯化钠者为咸味；含硫酸镁则使水带苦味。

（3）相对密度：油田水相对密度一般大于1。含盐度越高的油田水相对密度越大。我国酒泉盆地的油田水相对密度为 1.01~1.05，川中的油田水相对密度为 1.132。

（4）黏度：油田水中含盐分，黏度比纯水高。一般是溶解盐分越多，黏度越高。温度对油田水的黏度有明显的影响，温度越高，黏度越低。

（5）导电性：水是极性化合物，纯水是不导电的。油田水因含各种离子，能够导电，水中含离子越多，导电性越强。对于盐水，电阻率与离子种类、矿化度和温度有关。一般对于某一种盐水，它的电阻率与温度和矿化度成反比。例如，Schlumberger 公司的 NaCl 溶液电阻率 R_w 公式形式为

$$R_w = \frac{c_w^{1+\frac{3\times10^5}{1/1.05}}}{1.8T+39} \qquad (2.25)$$

式中 c_w——NaCl 溶液的矿化度，mg/L；

　　　T——温度，℃。

2. 地层水的配制方法

测井岩石物理实验，特别是岩电实验，需要配制地层水。通常，采用的地层水有两种：按不同离子配制模拟地层水；等效 NaCl 溶液。前一种首选，配制的地层水的离子组成与地层水比较接近（水分析结果与地层水会有略微差别），与岩石固体部分有更好的配伍性（不易出现各种水敏等敏感性问题），但是配制过程复杂，较少使用；后一种是等效 NaCl 溶液，指电阻率上能够与地层水一致的某一矿化度的 NaCl 水溶液，尽管离子组成与地层水不同，但是电阻率基本相同，配制容易，实验室较多使用。

1）等效 NaCl 溶液的配制方法

目前，主要的配制是采用 NaCl 作为溶质来配置 NaCl 水溶液。方法的重点是确定 NaCl 溶液的等效矿化度，方法可以有两种：

（1）根据求等效 NaCl 溶液的图版，由水分析资料获得的总矿化度，查得各种离子相对 $Cl^-(Na^+)$ 的换算系数，计算得到等效 NaCl 溶液的矿化度；

（2）由地层水电阻率，根据 Schlumberger 的 NaCl 溶液电阻率公式结合实验室温度得到等效 NaCl 溶液的矿化度。

确定了 NaCl 溶液的矿化度后，按如下步骤制备 NaCl 溶液：

（1）根据需要配置的矿化度称量 NaCl 质量，如 30000mg/L 需要配置 5L，则称取 150g NaCl；

（2）在蒸馏水中溶解，定容至 5L。

2）不同离子模拟地层水的配制方法

技术路线：按"物质与电性平衡"的原则，根据水分析资料选定化学药剂，计算其含量（mg/L），在确保其化学、物理稳定性的前提下溶入蒸馏水中，定容备用。

以表 2.8（石南 21 井区侏罗系头屯河组储层的一份水型为 $CaCl_2$、总矿化度为 25322mg/L 的模拟地层水）为例说明配制过程。

（1）选取化学试剂。

根据正、负离子的类型选取使用的化学制剂为 Na_2SO_4、$NaHCO_3$、$MgCl_2 \cdot 6H_2O$、$CaCl_2$、$NaCl$。

（2）计算每升模拟地层水所需各种化学试剂的质量。

如 Na_2SO_4 质量的确定，令其为 x，则有

$$\frac{1549.15}{96} = \frac{x}{142}$$

解得 $x = 2291.45\text{mg}$。

同理，确定各种化学药剂的使用量见表 2.10。

表 2.10 配制表 2.5 所示模拟地层水的化学药剂配方

化学药剂	Na_2SO_4	$NaHCO_3$	$MgCl_2 \cdot 6H_2O$	$CaCl_2$	NaCl
药量，mg/L	2291.45	271.31	235.01	2395.05	20276.46

配制好的溶液（表 2.11）可能与原始水分析资料略有差距，本例中相差约 23mg/L，主要是由 Cl^- 的差异造成的，这往往是由水分析资料的些许误差造成的，一般可以忽略。

表 2.11 配制模拟地层水（总矿化度 25345.02mg/L）中的各种离子的含量

正离子		负离子	
类型	矿化度，mg/L	类型	矿化度，mg/L
$K^+ + Na^+$	8788.53	SO_4^{2-}	1549.15
Mg^{2+}	28.09	Cl^-	13919.15
Ca^{2+}	863.08	HCO_3^-	197.02

（3）化学药剂称量，如配制 n 升，配方表中质量乘以 n 倍。

（4）在蒸馏水中溶解，定容。

注意溶解时要避免各种化学试剂之间的化学反应。如本例中由于可能生成 $CaSO_4$、$Ca(HCO_3)_2$ 沉淀，应将 Na_2SO_4、$NaHCO_3$ 先溶解后再缓慢加入已溶解的盐水。

2.5 温度及压力控制

岩石在地下需要承受温度和压力。有一些物理性质，如孔隙度、渗透率、孔隙结构、声波速度、电阻率、黏度等是随温度和压力变化的。因此，客观上需要模拟地层的温度和压力条件。

2.5.1 温度控制方法

温度控制一般用加热带、电热套、可拆卸式加热套、恒温箱、热浴。

1. 加热带

加热带适用于盐水罐、岩心罐、管线、压力容器、夹持器等容器的加热、保温，它主要由电热材料和绝缘材料等组成（图2.34）。电热材料为镍铬合金带，具有发热快、热效率高、使用寿命长等特点。绝缘材料为多层无碱玻璃纤维，具有良好的耐温性能和可靠的绝缘性能。它结构柔软，使用时可直接缠绕在被加热部位的表面加热，它温度均匀、安装简单、使用方便、安全可靠。

加热带规格有长100cm、150cm、200cm、300cm、400cm、500cm、600cm及宽1cm、2cm、3cm等。电加热带最大的限制是温度，无负荷状态加热带的硅胶加热温度在200℃左右，使用时温度也只能达到250℃，这个温度限制了加热带的使用范围。另一个限制是加热功率。加热带的功率一般不会太大，限制了加热带的加热速度，使其很少利用到流动物体的加热上，因为热量的流失短时间内补充不回来。

加热带最大的劣势在加热温度和加热速度上，而加热带最大的优点是其柔软性，所以在一些特殊的场合是很多加热方式无法代替的。

2. 电热套

电热套是实验室通用加热仪器的一种，由无碱玻璃纤维和金属加热丝编制的半球形加热内套和控制电路组成，多用于岩心洗油玻璃容器的精确控温加热（图2.35）。电热套具有升温快、温度高、操作简便、经久耐用的特点，是做精确控温加热试验的最理想仪器。

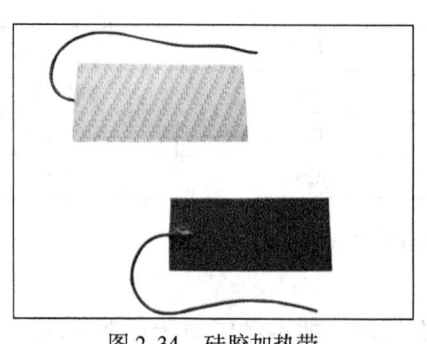

图2.34 硅胶加热带

图2.35 某型号电热套

3. 可拆卸式加热套

可拆卸式加热套（也称电加热套、柔性加热套、保温加热套、异型加热套等）是盐水罐、岩心罐、管线、压力容器、岩心夹持器等容器常用的加热装置（图2.36）。一般地，加热套采用耐高温、防火保温材料（如石棉等）组成，由内衬、中间加热层、中间保温层、外保护层四层组成。使用时可以根据管道、设备、仪器的具体形状及其使用环境通过特殊工艺定制，并实现加热保温功能。对于要经常拆卸、维修保养、清洗的设备尤为适用。

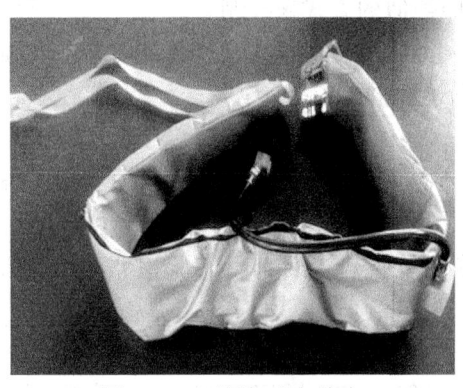

图2.36 可拆卸式加热套

可拆卸式加热套具有加热效果好（可实现500℃左右的加热温度）、保温效果好（可耐高、低温，一般-100~1000℃）、化学稳定性好（耐各种化学腐蚀等）、防火阻燃、耐老化、防水防油、可定制、易拆卸等特点。

4. 恒温箱

恒温箱又名鼓风干燥箱，是实验室常用的加热控温设备，可用于样品烘干、岩心实验夹持器等容器的温度控制（图2.37）。有的恒温箱是通过热水加热（水温式），但实验用的大部分为电热式，装有电热器和温度调节器，是一种外壁上装有绝热材料的箱子或柜橱。

图2.37 恒温箱

恒温箱主要由钣金箱体、制冷系统、加热系统、加湿系统、空气循环系统以及控制系统组成。其中，制冷系统的作用是降温，加热系统的作用是加热升温，加湿系统的作用是增加和控制湿度，空气循环系统的作用是使控温室温度均匀，控制系统用于设置温度、湿度等参数的控制面板。一般最关键的控制部分有四个——温度探头、制冷压缩机、热风机、加湿机。通常采用红外线加热或是直接用电阻丝加热，采用加湿器控制相对湿度。温度、湿度探头的测量端伸在恒温箱内部的空气中，不与物体或是箱壁接触，实时监测箱内的温度和湿度。在控制面板上，可以设置恒温箱的恒温、恒湿范围，即设置允许的温度和湿度的上限和下限。工作时，当探头检测到温度低于下限时，开启热风机加热，温度开始回升；当探头检测到温度高于上限时，开启制冷压缩机制冷，温度下降，如此来回控制。对于湿度的控制，也会按照类似的方式来控制。

恒温箱的尺寸范围很大，可以做得很大甚至允许对整个岩心实验装备加热控温，因此比较常用。最高温度一般不超过300℃。

5. 热浴

热浴就是把装有待加热物质的容器置于热浴物质内，让热浴物质的温度缓慢升高到一定程度，再让其缓慢冷却，从而达到改善容器热传递性能、受热均匀的效果。"热浴处理"的最大优势就是加热比较均匀。目前，实验室常用的热浴方法有水浴、油浴、沙浴等。

水浴是以水作为传热介质的一种加热方法［图 2.38(a)］。工作时将被加热物质的器皿放入水中，水的沸点为100℃，该法适用于100℃以下的加热温度。优点是避免了直接加热造成的过度剧烈与温度的不可控性，可以平稳地加热，许多反应需要严格的温度控制，就需要水浴加热。缺点是工作温度小于100℃。

油浴就是使用油作为热浴物质的热浴方法［图 2.38(b)］。油浴温度是 100~260℃。油浴常用的介质有豆油、棉籽油等。油浴最高温度比水浴高，一般在 100~250℃之间。油浴操作方法与水浴相同，不过进行油浴尤其要操作谨慎，防止油外溢或油浴升温过高，引起失火。

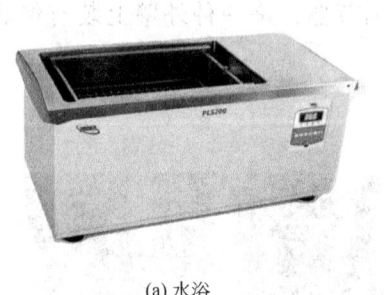
(a) 水浴

(b) 油浴

图 2.38　热浴设备

沙浴就是使用沙石作为热浴物质的热浴方法。沙浴一般使用黄沙，沙升温很高，可达400~600℃以上。沙浴操作方法与水浴基本相同，但由于沙比水、油的传热性差，故需沙浴的容器宜半埋在沙中，其四周沙宜厚，底部沙宜薄。

2.5.2　压力控制方法

压力控制一般使用手动打压泵、平流泵、恒速恒压泵增加或降低压力。

1. 手动打压泵

手动打压泵适用于抽吸清水、汽油、煤油及对铁和铜等无腐蚀性的液体，不适用于含有纤维或其他固体颗粒的液体，只需 1~2 人用手往复摇动摇手柄即可工作，可供工矿、企业、学校、车辆、船舶等单位使用。

手动打压泵是以手摇作动力的打压泵（图 2.39）。常见的有活塞式和刮板式两种。它们以活塞或刮板在泵壳内运动所形成的容积变化将油料吸入和排出。

2. 平流泵

平流泵（图 2.40）是用于连续恒速、常压或高压输送小量定量液体的精密仪器，广泛应用于高效液相色谱仪。

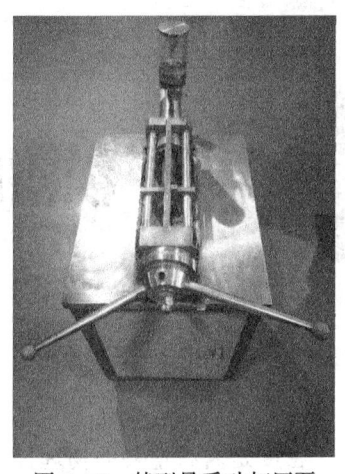

图 2.39 某型号手动打压泵

3. 恒速恒压泵

恒速恒压泵是一种高压柱塞泵，主要用于石油和化工领域中的流体驱替、计量控制，是分析实验及相关研究工作的重要实验装备，是一种为小型实验装置提供高精度的流体和压力源的智能型仪器（图 2.41）。处于恒速工作模式时，能给用户连续不断地提供恒定流速无脉冲的液体，同时自动检测两泵筒体内的压力、流量信号，并具有压力保护功能；处于恒压工作模式时，能保证两个泵筒体内的压力恒定，可以为用户提供压力恒定的液体动力源。

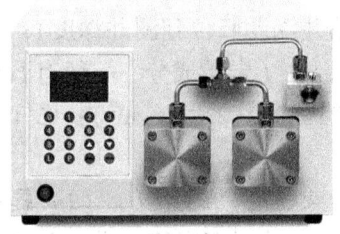

图 2.40 某型号平流泵

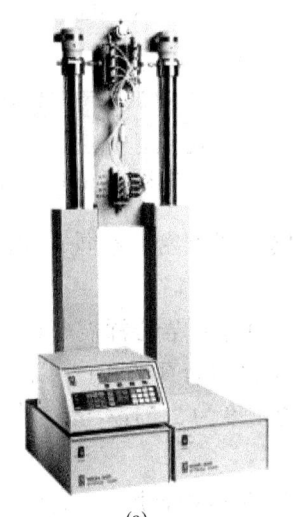
(a)

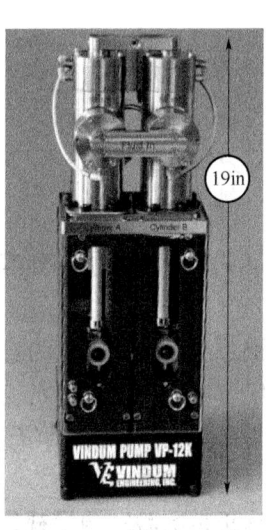
(b)

图 2.41 某型号恒速恒压泵

第 3 章 视密度、真密度实验测量

密度是岩石重要的物理性质,也是一个重要的测井性质。一般地,按照岩石体积物理模型,对于含水纯岩石(不含泥)的体积密度(图3.1),有

$$\rho_b = \rho_{ma}(1-\phi) + \rho_w \phi \tag{3.1}$$

式中 ρ_b——体积密度,g/cm^3;
ρ_{ma}——骨架密度,g/cm^3;
ϕ——孔隙度,%;
ρ_w——水的密度,g/cm^3。

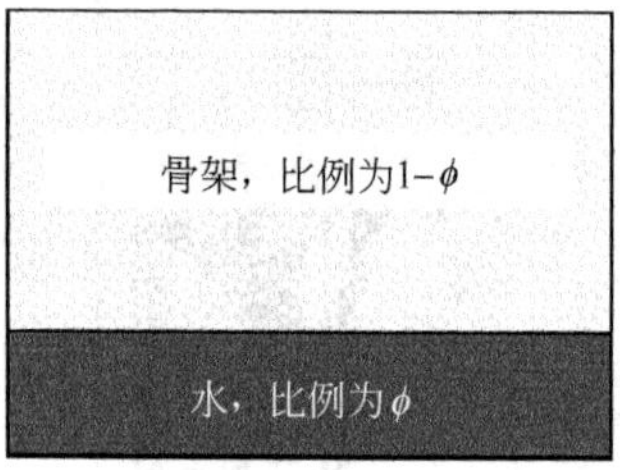

图 3.1 含水纯岩石体积物理模型图

可见岩石的岩矿成分不同(骨架密度不同),孔隙度不同,会有不同的体积密度(视密度)。

测井测量体积密度的意义在于:岩心深度归位(将钻井深度归位到测井深度);已知孔隙度,可以得到骨架密度(也称为真密度),以及识别岩性(岩矿成分,一般有石英的密度为 $2.65g/cm^3$,方解石的密度为 $2.71g/cm^3$,白云石的密度为 $2.71g/cm^3$);已知骨架密度,可以估算孔隙度。

这正是实验室测量视密度(体积密度)、真密度(骨架密度)的意义:(1)提供岩石的视密度与测井密度相关分析后做岩心深度归位;(2)提供真密度值,供测井解释计算孔隙度使用;(3)其他未列出的应用;等等。

必须说明,密度是标量,与方向无关。

3.1 视密度的实验测量

实验测量视密度的意义在于:

(1) 获得岩石的视密度性质；
(2) 视密度与测井密度相关分析后做岩心深度归位；
(3) 视密度与孔隙度交会图线性拟合后得到岩石真密度（孔隙度为0%的视密度为真密度）。

3.1.1 基本定义

视密度 ρ_b 是指单位体积岩石（含孔隙）的质量，有

$$\rho_b = \frac{M}{V} \tag{3.2}$$

式中　　M——岩石的质量，g；
　　　　V——岩石的体积，cm³。

一般而言，岩石视密度在测量时并没有对孔隙中流体做约定。实验室提供的结果可能是干燥岩石的视密度，也可能是饱水岩石的视密度。

3.1.2 实验目的

(1) 掌握岩石视密度实验测量原理；
(2) 掌握岩石总体积实验测量方法。

3.1.3 实验原理

根据视密度的定义，需要测量干燥或者饱水状态岩石的质量和体积。质量可以使用电子天平直接称量。实验测量视密度的关键在于确定岩石的体积。常用方法为封蜡排液法，适用于所有岩样类型，特别是外形不规则或者有孔洞的岩样。另一种为游标卡尺法，适用于柱塞样、方岩样等外形规则无孔洞的岩样。

封蜡排液法测量原理（阿基米德定律）：浸在液体（或气体）里的物体受到向上的浮力。浮力的大小等于物体排开的液体（或气体）的重量。

游标卡尺法测量原理：测量柱塞样的长度 L、直径 D 或者测量方岩样的边长 a 后依据几何学知识计算总体积。本实验采用游标卡尺法。

3.1.4 实验器材

实验器材包括游标卡尺（形状规则岩样使用）、天平（±0.001g）、温度计、恒温水浴、坩埚、石蜡、细棉线、烧杯、支架、吊网、蒸馏水（图3.2）。

其中，游标卡尺[图3.2(a)]用于测量岩样的特征几何尺寸（长度 L、直径 D 或者方岩样的边长 a）；天平[图3.2(b)]用来称取3个质量（封蜡前岩样质量 m_1，封蜡后质量 m_2，封蜡后水中质量 m_3）；温度计、恒温水浴、坩埚、石蜡[图3.2(c)]、细棉线用于融化石蜡并涂封石蜡以配合天平称取封蜡后质量 m_2；烧杯、支架、吊网、蒸馏水[图3.2(d)]用于配合天平称取封蜡后水中质量 m_3。

实验原料为待测岩心若干。

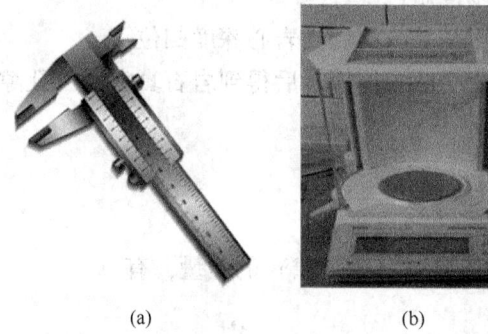

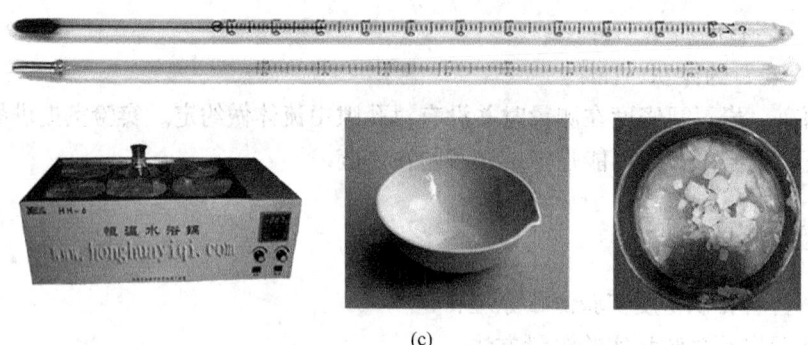

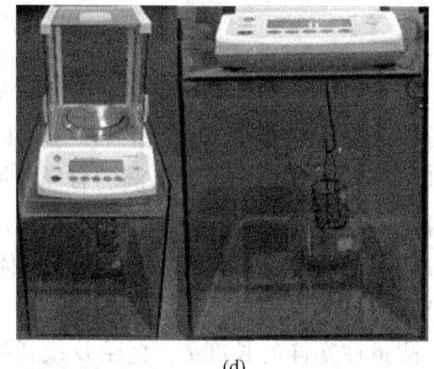

图 3.2　实验器材图

3.1.5　实验步骤

对所有岩样，实验步骤如下（图 3.3）：

(1) 清理干净岩样，称其质量 m_1，记录至表 3.1（下同）；

(2) 放入一定温度（60~90℃）的石蜡中涂封，称取封蜡后质量 m_2，记录至表 3.1；

(3) 浸没在水中称质量 m_3，记录至表 3.1。

若岩样为柱塞样、方岩样等外形规则无孔洞的岩样，采用游标卡尺法，以上实验步骤(2)、(3) 变更为：使用游标卡尺测量柱塞样的长度 L、直径 D 或者测量方岩样的边长 a_1、a_2、a_3，记录至表 3.1。

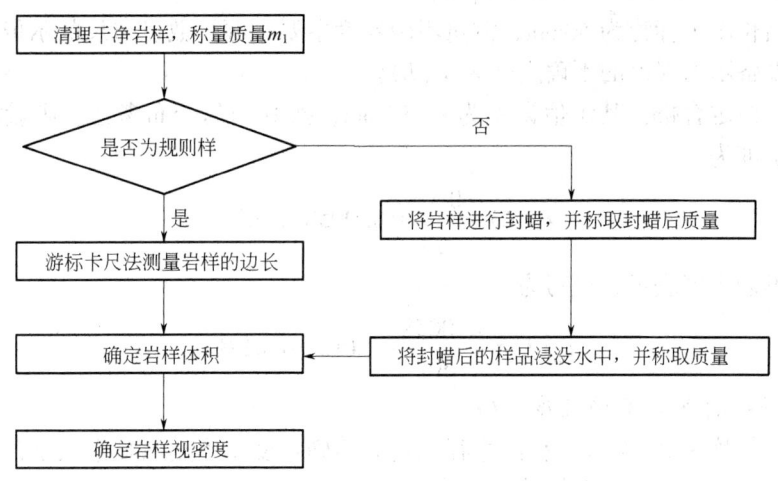

图 3.3 视密度实验测量流程图

表 3.1 岩石视密度实验测量原始表格

样号	边长 a_1 长度 cm	边长 a_2 直径 cm	边长 a_3 cm	封蜡前质量 m_1 g	封蜡后质量 m_2 g	封蜡后水中质量 m_3 g	岩性	备注
1	5.396	2.573		67.204			石灰岩	
2				5.722	6.928	3.229	石灰岩	
3				5.496	7.598	2.852	石灰岩	
4	5.933	2.572		77.263			石灰岩	
5	3.938	2.573		55.839			白云岩	
6				7.011	9.879	4.089	白云岩	
7	5.715	2.578		79.122			白云岩	
8	2.880	2.583		35.704			砂岩	
9				5.826	6.858	2.942	砂岩	
10				12.005	13.13	6.388	砂岩	

测量人：_____　　审核人：_____

3.1.6 实验注意事项

（1）使用天平前检查气泡是否位于水平指示器的中部。若没有，则用水平调节进行调节。注意必须调节天平的灵敏度。

（2）当空气湿度低于40%时，应使用由塑料制成的称重容器，降低静电电荷的风险。

3.1.7 不确定度分析

实验测量的误差主要来自样品长度、样品半径、电子天平以及重复性实验引进的误差四方面，所以分别进行不确定度计算，再合成标准不确定度。

1. 样品长度 L 的测量不确定度 $u_r(L)$

假设样品长度 L 标称为 50mm，测量不确定度主要来源于数显卡尺的示值误差引进的不确定度。设备示值误差的不确定度为 $u_r(L)$。

数显卡尺检定合格，其示值误差为 ±0.01mm，按其均匀分布考虑，则设备示值误差引入的不确定度为

$$u_r(L) = \frac{0.01}{\sqrt{3}} = 0.0058(\text{mm}) \tag{3.3}$$

以相对不确定度表示，可写为

$$u_{cr}(L) = \frac{0.0058}{50} \times 100\% = 0.012\% \tag{3.4}$$

2. 样品半径引入的不确定度 $u_r(r)$

样品半径标称为 25.4mm，样品半径测量的不确定度是由用数显卡尺示值误差导致的不确定度。游标卡尺示值误差导致的不确定度为 $u_r(r)$。

游标卡尺的示值误差为 ±0.01mm，以均匀分布估计，则

$$u_r(r) = \frac{0.01}{\sqrt{3}} = 0.0058(\text{mm}) \tag{3.5}$$

以相对不确定度表示，可写为

$$u_{cr}(r) = \frac{0.0058}{25.4} \times 100\% = 0.023\% \tag{3.6}$$

因此

$$u_{cr}(r^2) = 2u_{cr}(r) = 0.046\% \tag{3.7}$$

3. 质量 m_s 的测量不确定度 $u_r(m)$

质量 m_s 标称为 1g，测量不确定度主要来源于电子天平的示值误差引进的不确定度。设备示值误差的不确定度为 $u_r(m)$。

电子天平检定合格，称取质量范围为 0~50g 时，其示值误差为 ±0.5mg，按其均匀分布考虑，则设备示值误差引入的不确定度为

$$u_r(m) = \frac{0.5}{1000 \times \sqrt{3}} = 0.00029(\text{g}) \tag{3.8}$$

以相对不确定度表示，可写为

$$u_{cr}(m) = \frac{0.00029}{1} \times 100\% = 0.029\% \tag{3.9}$$

4. 重复性引入的不确定度 u_{rrep}

由于实际检测时测量 m 次取平均值，则由不均匀性引入的不确定度为

$$u_{rrep} = \frac{\sqrt{\frac{\sum_{i=1}^{n}(c_{mi} - \bar{c}_m)^2}{m(n-1)}}}{\bar{c}_m} \tag{3.10}$$

式中，c_{mi} 为每一次测量结果；n 为重复测量次数；$\bar{c}_m$ 为所有重复测量的平均结果。

5. 合成相对标准不确定度

$$u_{cr} = \sqrt{u_{cr}^2(L) + u_{cr}^2(r^2) + u_{rrep}^2 + u_{cr}^2(m)} \tag{3.11}$$

于是合成不确定度为

$$u_c = \bar{\rho} \times u_{cr} \quad (3.12)$$

3.1.8 数据分析

1. 计算公式

封蜡排液法计算总体积公式为

$$V_T = \frac{m_2 - m_3}{\rho_w} - \frac{m_2 - m_1}{\rho_c} \quad (3.13)$$

式中 ρ_c——石蜡密度，g/cm^3。

游标卡尺法计算柱塞样和全直径岩样总体积公式为

$$V_T = 0.25\pi D^2 L \quad (3.14)$$

游标卡尺法计算方岩样总体积公式为

$$V_T = a_1 a_2 a_3 \quad (3.15)$$

视密度计算公式为式(3.2)。

2. 实验图表

依据式(3.13)、式(3.14)、式(3.15)、式(3.2)可以得到岩石视密度实验测量结果（表3.2）。计算演示（以样品编号2为例）：

实验室室温为23.4℃，查表得此温度下水的密度是0.9969g/cm³，有

$$V_T = \frac{m_2 - m_3}{\rho_w} - \frac{m_2 - m_1}{\rho_c} = \frac{6.928 - 3.229}{0.9969} - \frac{6.928 - 5.722}{0.8916} = 2.358(cm^3) \quad (3.16)$$

$$\rho_b = \frac{m_1}{V_T} = \frac{5.722}{2.358} = 2.427(g/cm^3) \quad (3.17)$$

表3.2 岩石视密度实验测量结果表

样品编号	边长a_1长度 cm	边长a_2直径 cm	边长a_3 cm	封蜡前质量m_1 g	封蜡后质量m_2 g	封蜡后水中质量m_3 g	总体积 cm³	视密度 g/cm³	岩性	孔隙度 %	备注
1	5.396	2.573		67.204			28.034	2.397	石灰岩	11.22	柱塞样
2				5.722	6.928	3.229	2.358	2.427	石灰岩	10.48	块状样
3				5.496	7.598	2.852	2.403	2.287	石灰岩	13.21	块状样
4	5.933	2.572		77.263			30.803	2.508	石灰岩	7.51	柱塞样
5	3.938	2.573		55.839			20.466	2.728	白云岩	3.24	柱塞样
6				7.011	9.879	4.089	2.591	2.706	白云岩	5.03	块状样
7	5.715	2.578		79.122			29.816	2.654	白云岩	5.54	柱塞样
8	2.880	2.583		35.704			15.080	2.368	砂岩	13.28	柱塞样
9				5.826	6.858	2.942	2.771	2.103	砂岩	21.10	块状样
10				12.005	13.13	6.388	5.501	2.182	砂岩	18.06	块状样

测量人：_____ 审核人：_____

由表 3.2，可以绘制岩石视密度与孔隙度的交会图（图 3.4）。由图 3.4 可以看到：石灰岩、白云岩、砂岩的视密度与孔隙度存在负线性相关关系，即孔隙度越大，密度越小；石灰岩的骨架密度约为 2.80g/cm³，表明总体比较纯净（方解石密度为 2.71g/cm³），含少量白云石；白云岩的骨架密度约为 2.82g/cm³，表明纯净度较差（白云岩密度为 2.87g/cm³），含有方解石较多；砂岩骨架密度约为 2.68g/cm³，估计是含有其他矿物造成的。

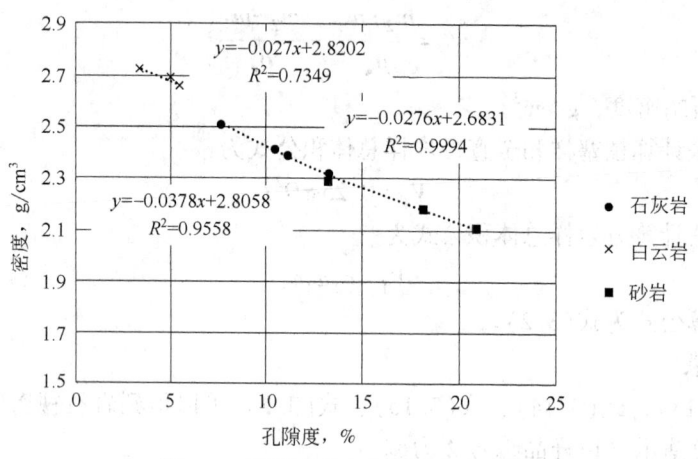

图 3.4　岩石视密度与孔隙度交会图

思考及作业题

1. 如果柱塞样表面有孔洞，使用游标卡尺法所测量的总体积偏大还是偏小，求得的体积密度偏大还是偏小？

2. 在视密度与孔隙度交会图上，横坐标为何为孔隙度？当孔隙度为 100% 时可以确定何种介质的密度？当孔隙度为 0% 时，可以确定何种介质的密度？

3. 如果蜡没有完全包裹岩样，会引起什么后果？

3.2　真密度的实验测量

实验测量真密度的意义在于：
（1）获得岩石的真密度；
（2）作为岩石的真密度，用于密度测井计算岩石的孔隙度；
（3）与视密度结合，得到岩石的总孔隙度。

3.2.1　基本定义

岩石真密度是岩粉质量与其真体积的比值，其真体积不包括存在于岩体颗粒内部的封闭空洞。所以，测定岩石的真密度必须采用无孔材料。一般而言，岩石真密度是指单位体积的岩石（不包括孔隙）在 105~110℃ 下干燥 24h 后的质量。

3.2.2 实验目的

(1) 了解岩体真密度的概念及其在储层性质表征和密度测井刻度计算储层孔隙度中的应用；

(2) 掌握浸液法—比重瓶法测定粉末真密度的原理及方法；

(3) 通过实验方案设计，提高分析问题和解决问题的能力。

3.2.3 实验原理

根据真密度的定义，需要测量岩粉的质量和不含孔隙的体积。其中，岩粉的质量使用电子天平即可测定，不含孔隙的体积的测量是确定真密度的关键。根据测定介质的不同，粉体真密度（实际为不含孔隙的体积）的主要测定方法可分为气体容积法和浸液法。

气体容积法是以气体取代液体测定试样所排出的体积。该方法排除了浸液法对试样溶解的可能性，具有不损坏试样的优点。但是，测定时易受温度的影响，还需注意漏气问题，且对实验测量装置的气密性要求较高。气体容积法又分为定容积法与不定容积法。

浸液法是将岩粉浸入在易润湿颗粒表面的浸液中，测定其所排出液体的体积。此法必须真空脱气以完全排出气泡。真空脱气操作可采用加热（煮沸）法和抽真空减压法，或两法同时并用。浸液法主要有比重瓶法（也称为甘氏密度瓶法）和悬吊法。其中，比重瓶法具有仪器简单、操作方便、结果可靠等优点，已成为目前应用较多的测定真密度的方法之一。因此，本实验采用比重瓶法。

比重瓶法测定粉体真密度基于阿基米德原理，将待测粉末浸入对其润湿而不溶解的浸液中，抽真空除气泡，求出粉末试样从已知容量的容器中排出已知密度的液体质量，就可计算所测粉末的真密度（图3.5）。真密度 ρ_{ma} 计算式为

$$\rho_{ma}=\frac{m_s-m_0}{(m_1-m_0)-(m_{sl}-m_s)}\rho_l \tag{3.18}$$

式中 m_s——比重瓶和岩粉的质量，g；

m_0——比重瓶的质量，g；

m_{sl}——比重瓶和液体以及岩粉的质量，g；

m_1——比重瓶充满液体的质量，g；

ρ_l——测定温度下浸液密度；g/cm³。

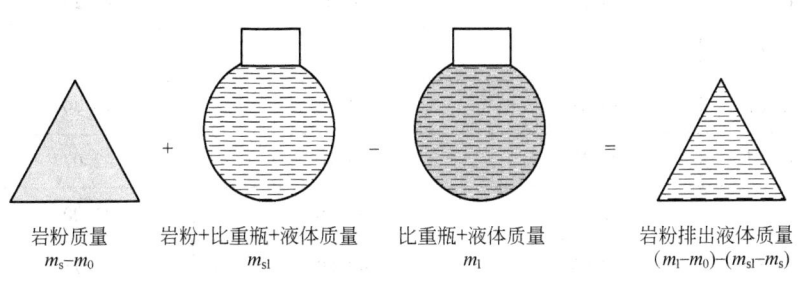

图 3.5 比重瓶法测量岩粉体积的原理

3.2.4 实验器材

实验仪器包括：真空装置[由比重瓶、真空干燥器、真空泵（0.1Pa）、真空压力表、三通阀、缓冲瓶组成]，用于抽真空；烘箱，用于烘干岩粉及比重瓶等；干燥皿，用于存放烘干后的比重瓶及岩粉；比重瓶（100mL或50mL，2~4个），用于盛放岩粉及液体；千分之一电子天平，用于称量质量（m_0、m_s、m_{sl}、m_1）；烧杯（1000mL），用于盛放浸液；温度计，用于测量浸液温度。

实验原料包括石英砂、方解石、白云岩岩石粉末若干。

3.2.5 实验步骤

（1）将比重瓶洗净编号，放入烘箱中于110℃下烘干冷却备用。

（2）用电子天平称量每个比重瓶的质量m_0，计入原始记录表3.3。

（3）取有代表性的岩样300g左右，用粉碎机粉碎，并使其全部通过孔径0.2（或0.3）mm分样筛。每次测定所需试样的体积约占比重瓶容量的1/3，所以应预先用四分法缩分待测试样。

（4）取300mL的浸液（实际实验中为去离子水）倒入烧杯中，再将烧杯放进真空干燥器内预先脱气。测量浸液的温度，记入原始记录表3.3（浸液的密度可以查表得知）。

（5）在已干燥的比重瓶（m_0）中装入约为比重瓶容量1/3的粉体试样，注意勿使试样抛撒或粘在瓶颈上，精确称量比重瓶和试样的质量m_s，计入原始记录表3.3。

（6）将预先脱气的去离子水注入有试样的比重瓶内，到容器容量的2/3处止，放入真空干燥器内。启动真空泵，抽气约20~30min时暂停抽气。

（7）从真空干燥器中取出比重瓶，向瓶内加满浸液并在电子天平上称其质量m_{sl}，计入原始记录表3.3。

（8）洗净该比重瓶，向瓶内加满浸液，称其质量为m_1，计入原始记录表3.3。

（9）重复操作（5）~（8）测下一组数据，多次测量取平均值。

表3.3 岩石真密度实验测量原始表格

时间：_____ 地点：_____ 实验室温度 _____ ℃

样号	比重瓶质量m_0 g	比重瓶+岩粉质量m_s g	比重瓶+岩粉+浸液质量m_{sl} g	比重瓶+浸液质量m_1 g	岩性
1	13.97	18.32	44.01	41.25	石灰岩
2	13.65	17.77	42.76	42.76	石灰岩
3	13.81	18.93	43.70	40.49	石灰岩
4	15.37	20.33	45.20	42.07	石灰岩
5	12.74	17.78	44.16	41.00	石灰岩
6	13.89	18.45	44.60	41.75	石灰岩
7	13.43	17.46	43.65	41.13	砂岩

续表

样号	比重瓶质量m_0 g	比重瓶+岩粉质量m_s g	比重瓶+岩粉+浸液质量m_{sl} g	比重瓶+浸液质量m_l g	岩性
8	14.59	19.65	44.88	41.72	砂岩
9	13.96	18.44	44.37	41.60	砂岩
10	14.42	19.83	44.73	41.39	砂岩

测量人：_____ 审核人：_____

3.2.6 实验注意事项

为了准确得到岩石真密度，需要注意以下事项：

（1）选择不溶解试样，同时，合理地选择易润湿试样颗粒表面的液体也十分重要，一般可以选用硼酸；

（2）当粉末完全浸入液体中，必须抽真空排除其中的气泡，真空压力一定达到0.01Pa。

3.2.7 不确定度分析

实验测量的误差主要来自电子天平以及重复性实验引进的误差两方面。所以分别进行不确定度计算，再合成标准不确定度。

1. 质量m_s的测量不确定度$u_r(m)$

质量m_s标称为50g，测量不确定度主要来源于电子天平的示值误差引进的不确定度。设备示值误差的不确定度为$u_r(m)$。

电子天平检定合格，称取质量范围0~50g时，其示值误差为±0.5mg，按其均匀分布考虑，则设备示值误差引入的不确定度为

$$u_r(m) = \frac{0.5}{1000 \times \sqrt{3}} = 0.00029(\text{g}) \tag{3.19}$$

以相对不确定度表示，可写为

$$u_{cr}(m) = \frac{0.00029}{50} \times 100\% = 0.00058\% \tag{3.20}$$

2. 重复性引入的不确定度u_{rrep}

由于实际检测时需测量m次取平均值，则由不均匀性引入的不确定度为

$$u_{rrep} = \frac{\sqrt{\frac{\sum_{i=1}^{n}(c_{mi}-\bar{c}_m)^2}{m(n-1)}}}{\bar{c}_m} \tag{3.21}$$

3. 合成相对标准不确定度

$$u_{cr} = \sqrt{u_{rrep}^2 + u_{cr}^2(m)} \tag{3.22}$$

于是合成不确定度为

$$u_c = \bar{\rho} \times u_{cr} \tag{3.23}$$

3.2.8 数据分析

根据式(3.17)计算得到表3.4。

表3.4 岩石真密度实验测量表格

时间：_____　　　地点：_____　　　浸液密度 0.9969 g/cm³

样号	比重瓶质量 m_0 g	比重瓶+岩粉质量 m_s g	比重瓶+岩粉+浸液质量 m_{sl} g	比重瓶+浸液质量 m_l g	排开液体质量 m g	排开液体体积，cm³	密度 g/cm³	岩性
1	13.97	18.32	44.01	41.25	1.59	1.59	2.73	石灰岩
2	13.65	17.77	42.76	42.76	1.52	1.53	2.70	石灰岩
3	13.81	18.93	43.70	40.49	1.91	1.91	2.67	石灰岩
4	15.37	20.33	45.20	42.07	1.83	1.83	2.70	石灰岩
5	12.74	17.78	44.16	41.00	1.88	1.88	2.68	石灰岩
6	13.89	18.45	44.60	41.75	1.71	1.72	2.66	砂岩
7	13.43	17.46	43.65	41.13	1.51	1.51	2.66	砂岩
8	14.59	19.65	44.88	41.72	1.90	1.90	2.66	砂岩
9	13.96	18.44	44.37	41.60	1.70	1.71	2.62	砂岩
10	14.42	19.83	44.73	41.39	2.07	2.07	2.61	砂岩

测量人：_____　　　审核人：_____

计算演示（以样号1为例）：

$$M = (m_s - m_0) = 18.32 - 13.97 = 4.35 (\text{g}) \tag{3.24}$$

$$G = (m_l - m_0) - (m_{sl} - m_s) = 41.25 + 18.32 - 13.97 - 44.01 = 1.59 (\text{g}) \tag{3.25}$$

实验室室温为23.4℃，查表得此温度下水的密度是0.9969 g/mL，有

$$V_{岩石} = V_{水} = \frac{1.59}{0.9969} = 1.594 (\text{cm}^3) \tag{3.26}$$

$$\rho_{岩石} = \frac{4.35}{1.594} = 2.73 (\text{g/cm}^3) \tag{3.27}$$

思考及作业题

1. 如果步骤（7）比重瓶没有充满，测量密度偏大还是偏小（确定岩粉体积偏大还是偏小）？

2. 如果步骤（8）比重瓶没有充满，测量密度偏大还是偏小（确定岩粉体积偏大还是偏小）？

3. 如果液体溶解了岩粉，测量密度偏大还是偏小（确定岩粉体积偏大还是偏小）？

4. 实验结果在应用密度测井计算孔隙度中应用，如果测量真密度偏小，计算孔隙度会偏大还是偏小？

第 4 章 粒度分析

碎屑颗粒的粒度（即大小）是碎屑颗粒最主要的结构特征。不同的碎屑岩，如砾岩、砂岩、粉砂岩等，其碎屑的大小很不相同；即使在同一种碎屑岩中，碎屑的大小也有差别。

粒度是指碎屑颗粒的大小，但碎屑颗粒的外形极不规则，那么它的大小该如何表示呢？这一般要取决于测量的方法。粒度分析法包括筛析和沉降分析两大类。其中，筛析法使用不同孔径的标准筛组成套筛，筛分确定颗粒粒级百分含量，适合测量直径为 0.063mm 以上的颗粒粒级分布；沉降分析又根据使用仪器的不同划分为吸管法、激光衍射法、X—射线光透法、光透—重力沉降法，主要测量直径为 0.063mm 以下的颗粒粒级分布。通常所说的 Φ 值法实际上包括了筛析和沉降分析，又被称为综合法。由于沉降分析方法——吸管法操作复杂，现在已经较少使用。本书介绍的是激光粒度分析法，属于激光衍射法。

粒度分析的目的是研究碎屑的粒度大小和粒度分布。碎屑岩的粒度分布及分选性是衡量沉积介质能量的度量尺度，是判别沉积时自然地理环境以及水动力条件的良好标志。碎屑岩的粒度及其空间展布也影响了储层的物性。粒度分析不仅有利于分析沉积水动力条件，且对于沉积储层评价也有意义。

测井岩石物理中测量粒度分析的主要目的有：

(1) 获得碎屑岩的定名（砾岩、粗砂岩、不等粒砂岩、杂砂岩等）；(2) 定量获得泥质或黏土含量，以建立与电阻率、伽马、自然电位等测井响应的统计关系作为测井定量计算泥质或黏土含量的解释模型，进一步，将测井计算的泥质或黏土含量作为声波时差、补偿密度、补偿中子等孔隙度测井在计算孔隙度的泥质含量校正或者黏土含量校正时的输入参数；(3) 应用泥质含量或黏土含量估算阳离子交换容量或者作为开展电阻率的泥质校正的输入参数；(4) 与孔隙度等参数配合建立渗透率、束缚水饱和度、残余油饱和度等地质参数的统计关系，作为估算这些地质参数的解释模型；(5) 其他未列出的应用；等等。

4.1 基本定义

通常球体颗粒的粒度用直径表示，立方体颗粒的粒度用边长表示。对不规则的颗粒，可将与该颗粒有相同行为的某一球体直径作为该颗粒的等效直径。粒度的大小常用 D_{50}、D_{97}、比表面积等指标表示。

4.2 实验目的

实验测量岩石粒度的目的有：
（1）掌握岩石粒度分析实验样品的制备方法；
（2）掌握岩石粒度分析实验的测量方法；
（3）掌握岩石碎屑的粒度大小和粒度分布的表征方法，进一步研究沉积岩的成因以及沉积环境。

4.3 实验原理

从粒度的定义，一般采取两种方法。一种为筛分法，需要采用不同孔径的标准筛组成套筛，筛分一定量的样品颗粒，称量不同粒级的质量，求出各粒级的百分含量。

（1）各粒级百分含量：

$$X_i = \frac{m_i}{m_a} \times 100\% \tag{4.1}$$

（2）泥质含量：

$$X_{sh} = \frac{m_a - m_b}{m_a} \times 100\% \tag{4.2}$$

（3）累积质量分数：

$$X = \sum X_i \tag{4.3}$$

式中　m_a——样品总质量，g；
　　　m_i——各粒级样品的质量，g；
　　　m_b——除泥质外样品的总质量，g。

另一种为激光粒度分析法，是通过颗粒的衍射或散射光的空间分布（散射谱）来分析颗粒大小，采用 Furanhofer 衍射及 Mie 散射理论，测试过程不受温度、介质黏度、试样密度及表面状态等诸多因素的影响。

激光粒度测试的原理是，利用颗粒能使激光产生散射这一物理现象测试粒度分布（图4.1）。

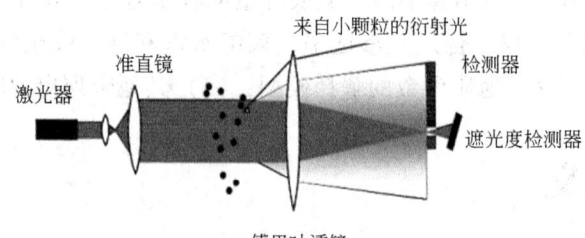

图 4.1　激光粒度仪结构原理简图

由于激光具有很好的单色性和极强的方向性，所以一束平行的激光在没有阻碍的无限空间中将会照射到无限远的地方，并且在传播过程中很少有发散的现象。当光束遇到颗粒阻挡时，一部分光将发生散射现象。散射光的传播方向将与主光束的传播方向形成一个夹角 θ，称为散射角，它的大小与颗粒的大小有关，颗粒越大，产生的散射光的 θ 角就越小；颗粒越小，产生的散射光的 θ 角就越大。进一步研究表明，散射光的强度代表该粒径颗粒的数量。因此，只要将待测样品均匀地展现于激光束中，不同大小的粒子所衍射的光落在不同的位置，位置信息反映颗粒大小；相同大小的粒子所衍射的光落在相同的位置，叠加的光强度反映颗粒所占的百分比多少。这样，在不同的角度上测量散射光的强度，就可以得到样品的粒度分布了。

4.4 实验器材

4.4.1 筛分法实验器材

筛分法实验器材包括电子天平（±0.001g）、研钵、烧杯、漏斗、支架、10%浓度的稀盐酸、蒸馏水、震动筛分仪。

其中，电子天平［图4.2(a)］用于称量岩样总质量、空筛质量以及筛分后各筛质量；研钵［图4.2(b)］用来对样品进行初步解离处理；烧杯、漏斗、支架、10%稀盐酸、蒸馏水［图4.2(c)］用来对样品进行去胶结物处理，并进行洗酸处理；震动筛分仪［图4.2(d)］包含套筛和震动装置，用于对样品进行震动筛分实验。常用的套筛以"目"表示，即每平方英寸筛网内筛孔的数目。常用标准套筛的孔径一般为 2mm、1mm、0.5mm、0.25mm、0.0625mm。

实验原料为待测岩心若干。

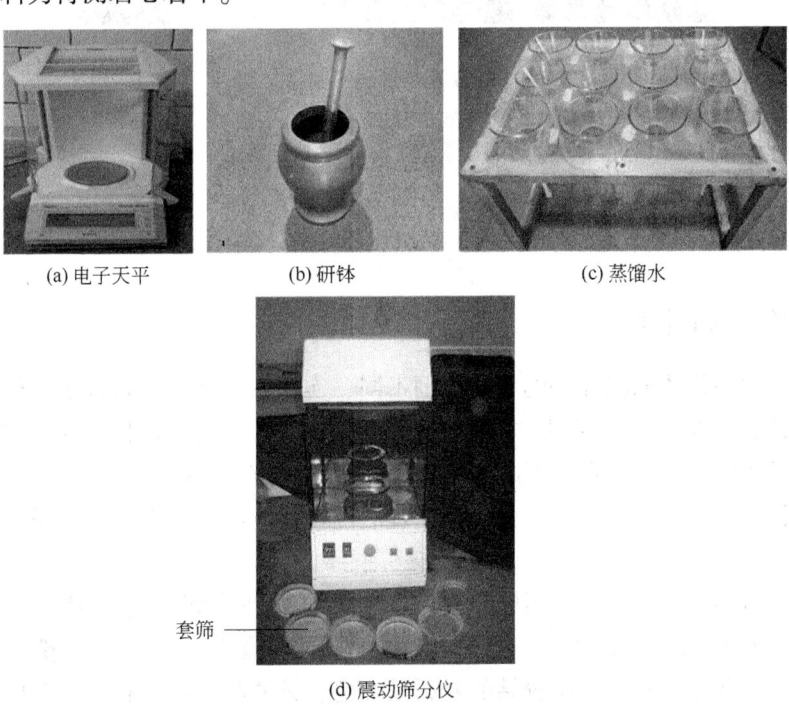

图4.2 筛分法实验器材图

4.4.2 激光粒度法实验器材

激光粒度法实验器材包括研钵、烧杯、漏斗、支架、10%浓度的稀盐酸、蒸馏水、Mastersizer 3000E 激光粒度分析仪。

其中，研钵［图4.3(a)］用来对样品进行初步解离处理；烧杯、漏斗、支架、10%稀盐酸、蒸馏水［图4.3(b)］用来对样品进行去胶结物处理，并进行洗酸处理；激光粒度分析仪［本书介绍的是英国Malvern公司出产的Mastersizer 3000E，图4.3(c)］用于对样品进行激光粒度分析实验。

图4.3 激光粒度法实验器材图

4.5 实验步骤

4.5.1 粒度分析总流程

由于筛析法和传统的沉降法的测量范围不同，实验室开展碎屑岩粒度分析的时候，不仅需要预处理，还需要对样品根据颗粒大小进行分类，以满足不同方法测量的需要。图4.4给出了实验室开展粒度分析时筛析法和Φ值法的流程图。

其中，粒度分析包括酸处理、胶结物处理后的再次解离两个重要的岩样处理过程。

1. 酸处理

酸处理的目的是去掉钙、铁质胶结物，在对岩样做初步解离（一般用橡皮锤轻轻敲击，解体岩样成5mm左右的小块）后进行。通常需要根据岩样的颜色、粉末硬度与酸的反应进行识别。基本规律：铁质胶结的岩石呈红色；钙质胶结的岩石呈灰白色，滴稀盐酸起泡；硅质胶结的岩石坚硬，小刀刻不动；黏土胶结的岩石呈土状，比较疏松；白云质胶

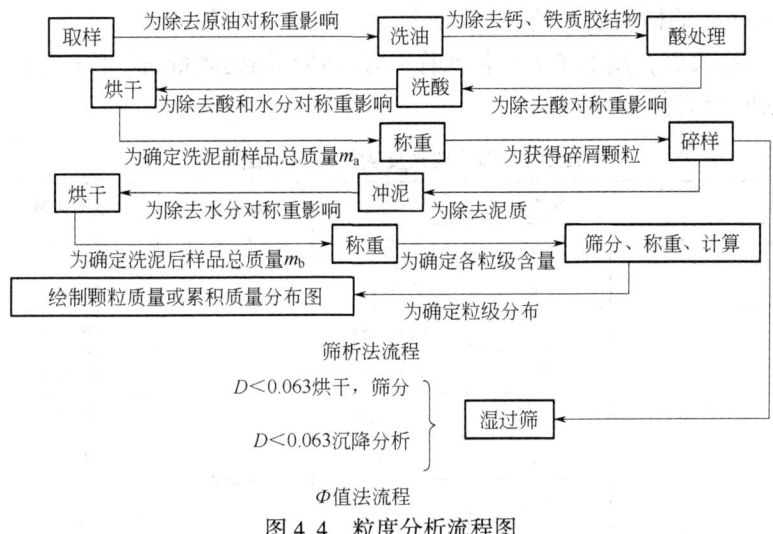

图 4.4 粒度分析流程图

结的岩石呈浅灰白色，滴冷盐酸不起气泡。

具体处理时，根据胶结物的成分来采用对应的去除胶结物的方法：

(1) 钙胶结物，在容器中，注入 10%～15% 的盐酸，搅拌至反应完全（无气泡 CO_2 产生）；
(2) 白云石胶结物，用 10%～15% 热盐酸溶解；
(3) 赤铁矿、褐铁矿胶结物，用 20% 盐酸溶解；
(4) 黄铁矿胶结物，5%～10% 硝酸煮沸；
(5) 黏土矿物胶结物，用清水浸泡，置于水浴锅稍加热；
(6) 膏盐胶结物，用水浸泡加热，如为硬石膏，用浓盐酸加热处理。

2. 胶结物处理后的再次解离

胶结物解离后，需要洗酸，烘干岩样。颗粒解散方法有机械解离和手工解离。一般地，机械解离使用颗粒解散机，调整橡皮转子与磨体的间隙为 0.1mm，将岩样与水混合后，从加样漏斗中加入，直至砂粒全部流入烧杯，反复 3～4 次解散。因为可能导致颗粒破碎（这是薄片分析法诟病粒度分析的主要原因），不建议使用机械方法制样。手工解离一般采用橡皮杆在研钵中轻轻研碎，为了避免细颗粒飞散，有的实验员会使用小喷壶将岩样喷湿后手工研磨。

4.5.2 筛分法实验步骤

(1) 用研钵对岩样进行初步解离；
(2) 将初步解离的样品倒入烧杯中，进行去胶结物处理；
(3) 反应完全后，将样品倒入垫有滤纸的漏斗中，并用蒸馏水进行洗酸处理；
(4) 将样品和滤纸一起取出放入烘箱中；
(5) 将烘干的样品继续倒入研钵中进行再次解离；
(6) 用电子天平称量各粒径空套筛的质量 m_{1i}（$i=1,2,\cdots,9$）；
(7) 将套筛自上而下按粒径由大到小顺序排好，放入筛分仪中；
(8) 调节好筛分仪的震动时间和震动频率；

(9) 取质量 m 的样品放入最上面的套筛中,启动筛分仪电源;

(10) 震动结束后,用电子天平依次称取各粒径套筛的质量 m_{2i} ($i=1,2,\cdots,9$)。实验数据记录至表 4.1。

表 4.1　筛分法粒度实验测量原始表格

岩样号	粒级		总质量 m, g	空筛质量 m_{1i}, g	筛后质量 m_{2i}, g
	粒级分类	mm	Φ			
××××	砾	>2	<-1.00	9.032	53.406	53.593
	粗砂	>1.7	<-0.765		49.881	50.12
		>1.4	<-0.485		48.925	49.498
		>1.18	<-0.239		48.093	48.931
		>1	<0		44.053	44.618
		>0.5	<1		38.743	40.918
	中砂	>0.25	<2		36.024	37.321
	细砂	>0.106	<3.238		33.764	34.748
		>0.063	<3.989		32.881	32.978
	泥	<0.063	>3.989		—	—

测量人：_____　　审核人：_____

4.5.3　激光粒度法实验步骤

(1) 用研钵对岩样进行初步解离;

(2) 将初步解离的样品倒入烧杯中,并加入 10% 稀盐酸进行去胶结物处理;

(3) 反应完全后,将样品倒入垫有滤纸的漏斗中,并用蒸馏水进行洗酸处理;

(4) 将样品和滤纸一起取出放入烘箱中;

(5) 将烘干的样品继续倒入研钵中进行再次解离;

(6) 打开 Mastersizer 3000E 激光粒度分析仪分析测试软件（图 4.5）;

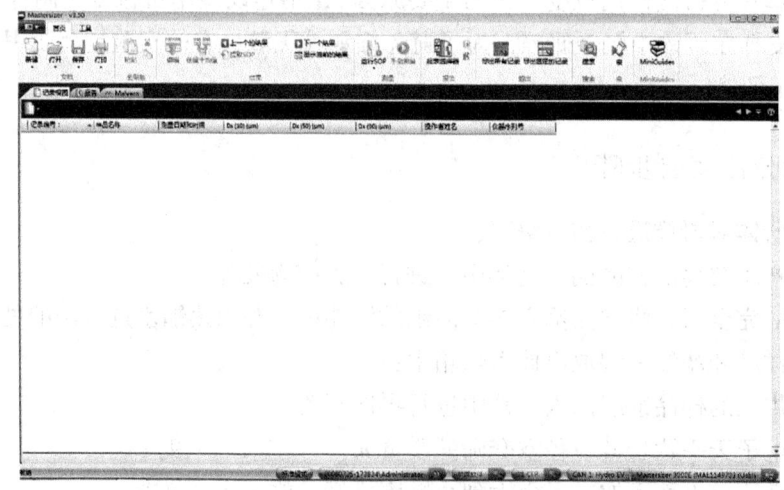

图 4.5　Mastersizer 3000E 激光粒度分析仪分析测试软件

（7）软件自检通过后，点击手动测量创建样品测试文件，填写样品测试信息（图4.6）；

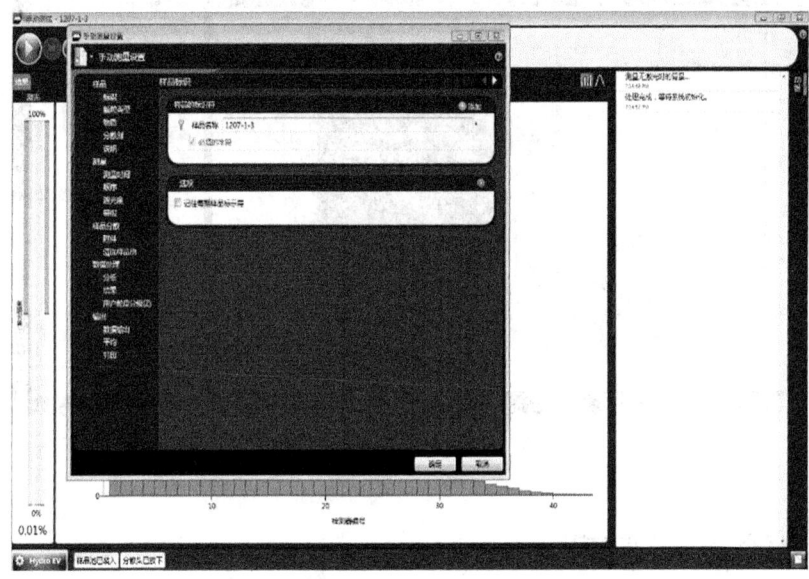

图4.6　激光粒度分析仪分析测试软件样品信息填写

（8）将蒸馏水加到烧杯中，液面没过搅拌器，点击确定，进行初始化仪器，测量背景两个环节（图4.7）；

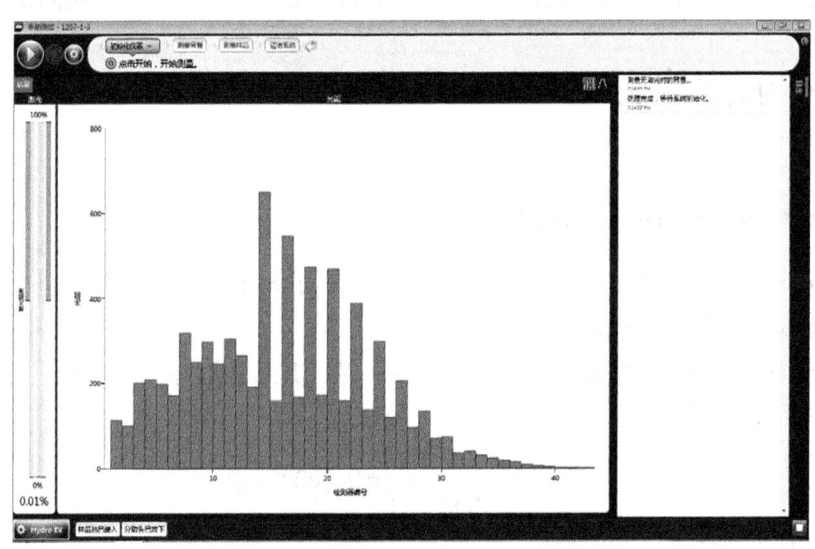

图4.7　激光粒度分析仪样品测试环节

（9）将处理好的样品倒入烧杯中，当遮光度在15%~20%时，点击开始测量；

（10）测量结束后需要对设备内部进行清洁，清洁干净的标准为测量背景的激光强度达到80%以上（注：长时间使用后需要对镜片进行清洁）；

（11）清洁时，在烧杯内换上清水，点击左下角Hydro EV，然后点击搅拌按钮，开始清洁，重复几次直至激光强度达到80%以上（图4.8）。

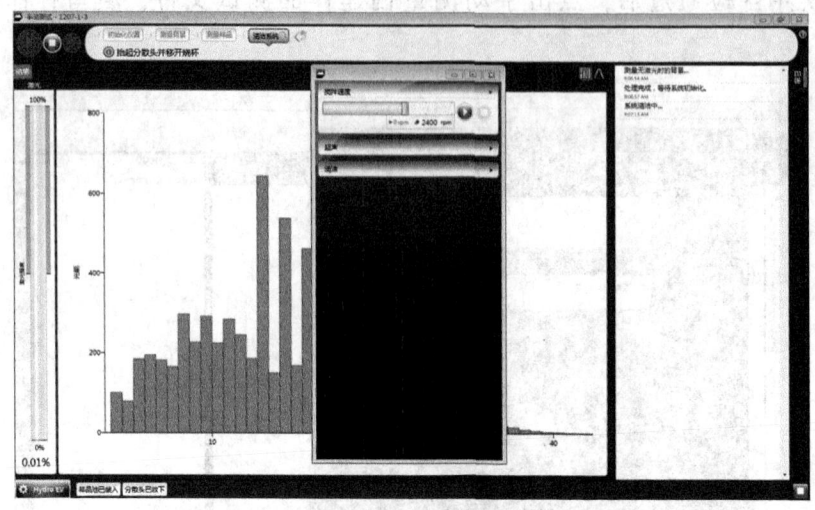

图 4.8 激光粒度分析仪清洁环节

4.6 实验注意事项

(1) 测量方法严格按标准 GB/T 29172—2012 执行；
(2) 结合仪器按操作规范执行；
(3) 使用标准样做测前测后检查，若符合不确定度要求，两次检查间测量结果可靠。

4.7 不确定度分析

4.7.1 质量 m_s 的测量不确定度 $u_r(m_s)$

质量 m_s 标称为 5g，测量不确定度主要来源于电子天平的示值误差引进的不确定度。设备示值误差的不确定度为 $u_r(m_s)$。

电子天平检定合格，称取质量范围为 $0\sim50g$ 时，其示值误差为 $\pm0.5mg$，按其均匀分布考虑，则设备示值误差引入的不确定度为

$$u_r(m_s) = \frac{0.5}{1000 \times \sqrt{3}} = 0.00029(g) \tag{4.4}$$

以相对不确定度表示，可写为

$$u_{cr}(m_s) = \frac{0.00029}{5} \times 100\% = 0.0058\% \tag{4.5}$$

4.7.2 重复性引入的不确定度 u_{rrep}

由于实际检测时测量 m 次取平均值，则由不均匀性引入的不确定度为

$$u_{\text{rrep}} = \sqrt{\frac{\sum_{i=1}^{n}(c_{mi}-\bar{c}_m)^2}{m(n-1)}} \bigg/ \bar{c}_m \tag{4.6}$$

4.7.3 合成相对标准不确定度

合成相对标准不确定度为

$$u_{\text{cr}} = \sqrt{u_{\text{cr}}^2(m_s) + u_{\text{rrep}}^2} \tag{4.7}$$

合成标准不确定度：

$$u_c = \bar{c}_m \times u_{\text{cr}} \tag{4.8}$$

4.8 数据分析

4.8.1 筛分法数据分析

1. 计算公式

（1）各粒级质量分数：

$$X_i = \frac{m_{2i} - m_{1i}}{m} \times 100\% \tag{4.9}$$

（2）累积质量分数：

$$X = \sum X_i \tag{4.10}$$

式中　m——样品总质量，g；

　　　m_{1i}——各粒级空筛的质量，g；

　　　m_{2i}——筛分后各粒级空筛及样品质量和，g。

2. 实验图表

以岩样号1为例，依据式(4.9)、式(4.10)可以得到筛分法粒度分析实验测量结果（表4.2、图4.9）。

表 4.2　岩石粒度实验测量结果表

岩样号	粒级			质量 g	质量分数 %	累积质量分数 %	岩石定名
	粒级分类	mm	Φ				
1	砾	>2	<-1.00	0.187	2.07	2.07	含泥质粗砂岩
	粗砂	>1.7	<-0.765	0.239	2.65	4.72	
		>1.4	<-0.485	0.573	6.34	11.06	
		>1.18	<-0.239	0.838	9.28	20.34	
		>1	<0	0.565	6.26	26.59	
		>0.5	<1	2.175	24.08	50.68	
	中砂	>0.25	<2	1.297	14.36	65.04	
	细砂	>0.106	<3.238	0.984	10.89	75.93	
		>0.063	<3.989	0.097	1.07	77.00	
	泥	<0.063	>3.989	2.077	23.00	100.00	

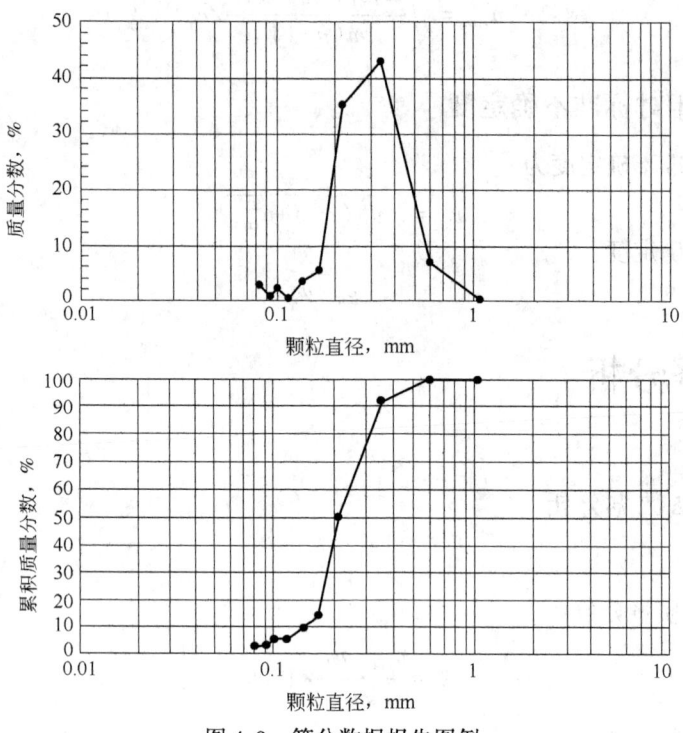

图4.9 筛分数据报告图例

3. 粒度参数求取

(1) 粒度中值 M_d：

$$M_d = \phi_{50} \tag{4.11}$$

式中　ϕ_{50}——累积曲线上50%处对应的颗粒直径；

　　　M_d——一个碎屑岩的粒度中间值，近似于平均粒度。

M_d 代表性差，且不能表示粗、细两侧的粒度变化，故近年来都主张用平均粒径 M_z。

(2) 平均粒径 M_z：

$$M_z = \frac{\phi_{16} + \phi_{50} + \phi_{84}}{3} \tag{4.12}$$

式中　ϕ_{16}——累积曲线上16%处所对应的颗粒直径，反映较粗一段的平均大小；

　　　ϕ_{50}——累积曲线上50%处对应的颗粒直径，代表中间一段的平均大小；

　　　ϕ_{84}——累积曲线上84%处对应的颗粒直径，反映较细一段的平均大小。

M_z 比中值 M_d 更能正确地反映碎屑颗粒的集中趋势。

(3) 众数 M_0：

众数代表频率曲线上最大频率的粒径，单峰曲线一个众数，双峰曲线两个众数。

(4) 分选 S_0：

$$S_0 = \sqrt{\frac{Q_1}{Q_3}} \tag{4.13}$$

式中　Q_1——累积质量分数25%对应的粒径；

Q_3——累积质量分数75%对应的粒径；

S_0——分选系数。

分选系数表示粒度的均匀性，粒级越少，分选越好。可划分三个等级：$S_0<2.5$，分选好；$S_0=2.5\sim4.0$，分选中等；$S_0>4.0$，分选差。

（5）标准偏差 σ_1：

$$\sigma_1 = \frac{\phi_{84}-\phi_{16}}{4} + \frac{\phi_{95}-\phi_5}{6.6} \tag{4.14}$$

式中 ϕ_5——累积质量分数5%对应的颗粒直径；

ϕ_{95}——累积质量分数95%对应的颗粒直径；

σ_1——标准偏差，表示分选程度的参数。

式中除包含了粒级分布靠中的部分（16%~84%）外，也包含了对水动力条件反映最灵敏的粗、细尾部（95%和5%）的分选情况。分选系数的变化除了与沉积环境的自然地理条件和水动力条件因素有关外，还与物源有很大关系，与矿物成分及粒度中值也有一定关系。分选情况如表4.3所示。

表4.3 标准偏差、偏度和峰度的分级标准

标准偏差分级		偏度SK_1分级		峰度K_G分级	
分选程度	分级标准	分选程度	分级标准	分选程度	分级标准
极好	<0.35	很负偏	-1~-0.3	很平坦	<0.67
好	0.35~0.5	负偏	-0.3~-0.1	平坦	0.67~0.9
较好	0.5~0.71	近于对称	-0.1~0.1	中等（近正态）	0.9~1.11
中等	0.71~1	正偏	0.1~0.3	尖锐	1.11~0.56
差	1~2	很正偏	0.3~1	很尖锐	1.56~3
很差	2~4			非常尖锐	>3
极差	>4				

（6）偏度 SK_1：

$$SK_1 = \frac{\phi_{16}+\phi_{84}-2\phi_{50}}{2(\phi_{84}-\phi_{16})} + \frac{\phi_5+\phi_{95}-2\phi_{50}}{2(\phi_{95}-\phi_5)} \tag{4.15}$$

偏度是用来判别粒度分布不对称程度的粒度参数。从频率曲线上看，对数正态分布是左右对称，如钟形。同时，中值、平均粒径和众数一致，因此，用式(4.15)计算正态粒度分布的SK_1应为0。一般偏度可指示沉积物的成因，如河砂常呈正偏度。

（7）峰度 K_G：

$$K_G = \frac{\phi_{95}-\phi_5}{2.44(\phi_{75}-\phi_{25})} \tag{4.16}$$

峰度 K_G 是用来衡量粒度频率曲线尖锐程度的参数，是频率曲线尾部与中部展开度之比。K_G 最高值可达8，最低可达0.4。峰度大小与物源及环境均有关系，沉积物的高峰说明沉积物早先分选能力很强。峰度常可被用来判断沉积环境。

4. 碎屑岩三级命名规则

按照沉积岩石学，以下为碎屑岩结构命名规则：

（1）以碎屑颗粒的主要粒级（含量占50%以上）来确定基本名称。具体地，有：

① 含有其他粒级碎屑且含量在25%~50%，则在基本名称前冠以"××质"，如砂岩中泥质含量为30%，则称为泥质砂岩；

② 若次级含量在10%~25%之间，则在基本名称前冠以"含××质"，如泥质含量为15%，则称为含泥质砂岩；

③ 如其他碎屑含量在10%以下，则不参与定名。

（2）若没有一个粒级含量大于或等于50%，如砂级含量之和大于50%，定为不等粒砂岩，如果砂级含量之和小于50%则定为混合砂岩。

表4.4列出了按粒度划分的常见碎屑岩划分标准。

表4.4　按粒度划分的常见碎屑岩

岩石名称 （粒径，mm）	泥质 （<0.039）	粉砂 （0.0039~0.0625）	细砂 （0.0625~0.25）	中砂 （0.25~0.5）	粗砂 （2~0.5）	砾石 （>2）
砾岩						>50%
泥岩	>50%					
含粉砂泥岩	>50%	10%~25%				
粉砂质泥岩	>50%	25%~50%				
粉砂岩		>50%				
细砂岩			>50%			
中砂岩				>50%		
粗砂岩					>50%	
不等粒砂岩	<50%	<50%	<50%	<50%	<50%	
			三者之和>50%			
混杂碎屑岩	<50%	<50%	<50%	<50%	<50%	
			三者之和<50%			

4.8.2　激光粒度法数据分析

目前，对于激光粒度法已经有十分成熟的测量装置及分析方法，可快速分析得到实验分析结果。具体步骤如下：

（1）打开Mastersizer 3000E激光粒度分析仪分析测试软件，点击打开文件，选择对应样品，拷出原始数据如表4.5和表4.6所示；

表4.5　激光粒度仪输出的原始数据1

序号	粒度分布区间，μm	分布频率，%
1	840~1000	0.45
2	710~840	0.65
3	590~710	0.81
4	500~590	0.72

续表

序号	粒度分布区间，μm	分布频率，%
5	420~500	0.72
6	350~420	0.76
7	300~350	0.76
8	250~300	1.15
9	210~250	1.43
10	177~210	1.77
11	149~177	2.01
12	125~149	2.11
13	105~125	1.93
14	88~105	1.66
15	74~88	1.26
16	62.5~74	0.92
17	31.2~62.5	2.84
18	15.6~31.2	3.66
19	7.8~15.6	6.04
20	3.9~7.8	9.88
21	0~3.9	58.32

表 4.6　激光粒度仪输出的原始数据 2

序号	粒度累积频率，%	该频率所对应的粒径，μm
1	$D_x(1)$	0.067
2	$D_x(5)$	0.334
3	$D_x(10)$	0.669
4	$D_x(16)$	1.07
5	$D_x(25)$	1.67
6	$D_x(50)$	3.34
7	$D_x(75)$	18.8
8	$D_x(84)$	99.1
9	$D_x(90)$	166
10	$D_x(95)$	296
11	$D_x(99)$	740

　　(2) 将表 4.5 原始数据中的区间内结果（即分布频率），记入粒度定名处理模板表 4.7 中，即可得到岩石定名结果；

　　(3) 将表 4.6 原始数据的某累积频率下对应的粒径结果[即 $D_x(n)$]记入粒度参数处理模板表 4.8 中，即可得到粒度参数结果。

表 4.7 粒度定名处理模板

样品编号	井段 m	距顶 cm	层位	粒级分类	砾石	粗砂	粗砂	粗砂	粗砂	中砂	中砂	中砂	中砂	细砂	细砂	细砂	细砂	岩石定名
				粒级 mm	>2.00	2.00~1.00	1.00~0.84	0.84~0.71	0.71~0.59	0.59~0.50	0.50~0.42	0.42~0.35	0.35~0.3	0.3~0.25	0.25~0.210	0.210~0.177	0.177~0.149	0.149~0.125	
				粒级 Φ	<-1	-1~0	0~0.25	0.25~0.5	0.5~0.75	0.75~1	1~1.25	1.25~1.5	1.5~1.75	1.75~2	2~2.25	2.25~2.5	2.5~2.75	2.75~3	
				砂粒百分含量,%			0.45	0.65	0.81		0.72	0.76	0.76	1.15	1.43	1.77	2.01	2.11	
158-1	2773.2	—	—																泥岩

样品编号	粒级分类	细砂	细砂	细砂	粉砂	粉砂	粉砂	粉砂	粉砂	黏土
	粒级 mm	0.125~0.105	0.105~0.088	0.088~0.074	0.074~0.0625	0.0625~0.0312	0.0312~0.0156	0.0156~0.0078	0.0078~0.0039	<0.0039
	粒级 Φ	3~3.25	3.25~3.5	3.5~3.75	3.75~4	4~5	5~6	6~7	7~8	>8
	砂粒百分含量,%									
158-1		1.93	1.66	1.26	0.92	2.84	3.66	6.04	9.88	58.32

表 4.8 粒度参数处理模板

样品编号	井段 m	距顶 cm	层位	$D_x(n)$, μm												C 值 mm	M 值 mm	粒度参数			
				1	5	10	16	25	50	75	84	90	95	99				平均值 M_z Φ	标准偏差 σ_1 Φ	偏度 SK_1	峰度 K_G
158-1	2773.2	—	—	0.067	0.334	0.669	1.07	1.67	3.34	18.8	99.1	166	296	740	0.74	0.003		7.1	3.12	-0.4	1.15

4.8.3 综合法粒度分析结果

表 4.9 为新疆油田玛湖砾岩某岩样的综合法粒度分析结果。报告中包括了以下信息：岩样的基本信息，包括编号、层位、深度、选样量；原始测量粒级及其质量数据；粒度分布曲线；图解法参数；各粒级的含量。

表 4.9 碎屑岩粒度分析报告

样品编号		2016-13343		原样号			层位		P1f1
样品深度（井段），m		3479.65		选样量，g		100.00	分析方法		综合法
序号	粒级		质量	累积	序号	粒级		质量	累积
	mm	Φ	g	%		mm	Φ	g	%
1	>64	-6			16	>2	-1	5.05	53.61
2	>50	-5.644			17	>1.25	-0.322	6.07	59.70
3	>40	-5.322			18	>1	0	3.91	63.63
4	>30	-4.907			19	>0.71	0.494	1.46	65.09
5	>25	-4.644			20	>0.5	1	9.93	75.07
6	>20	-4.322			21	>0.355	1.494	5.05	80.14
7	>16	-4			22	>0.25	2	3.75	83.90
8	>12.5	-3.644			23	>0.18	2.474	2.19	86.10
9	>10	-3.322			24	>0.125	3	3.75	89.87
10	>8	-3	0.75	0.75	25	>0.09	3.474	1.74	91.61
11	>6	-2.585	6.03	6.81	26	>0.063	3.989	1.55	93.17
12	>5	-2.322	13.84	20.71	27	>0.054	4.211	1.42	94.60
13	>4	-2	5.21	25.94	28	>0.045	4.474	1.06	95.66
14	>3	-1.585	8.97	34.95	29	>0.03	5.059	1.44	97.11
15	>2.5	-1.322	13.53	48.53	30	<0.03	5.059	2.88	100.00
岩石定名		砂质砾岩		胶结程度		中等	含油情况		油迹
粒度分布曲线							图解法参数		
							平均值 M_z		-0.53
							标准偏差 σ_1		2.17
							偏度 SK_1		0.52
							峰度 K_G		0.94
							备注		
							样品中含有大于 25mm 颗粒一个		

续表

Φ值	$\phi_1=-2.98$			$\phi_5=-2.71$			$\phi_{16}=-2.41$		$\phi_{25}=-2.06$
	$\phi_{50}=-1.23$			$\phi_{75}=1.00$			$\phi_{84}=2.02$		$\phi_{95}=4.31$

粒级 mm	砾			砂					粗粉砂	细粉砂和黏土
	中砾	细砾	合计	巨砂	粗砂	中砂	细砂	极细砂	合计	0.063~0.03	<0.03
	64~4	4~2		2~1	1~0.5	0.5~0.25	0.25~0.125	0.125~0.063			
含量 %	25.94	27.67	53.61	10.02	11.44	8.83	5.97	3.30	39.56	3.94	2.89

思考及作业题

1. 如果储层为含有巨砾的砾岩，应该如何制定粒度测量方案？
2. 测井的泥质含量是否与地质上的黏土含量相同？主要差异以及原因是什么？
3. 地质上常应用薄片做粒度分析，这与筛分法以及激光粒度法有何差异，是否存在将二者相结合的必要性和可能性？
4. 岩石粒度分级方法有哪几种？
5. 怎样依据粒度分析资料给岩石定名？
6. 是否还有其他平均粒径计算公式？试与本书所列公式计算结果作比较。
7. 请根据表4.9原始测量数据，绘制粒度分布曲线并得到图解法参数。
8. 在应用粒度分析结果，比如泥质含量、粒度中值、平均粒径参与建立渗透率评价模型时，哪一个参数比较好，为什么？
9. 请思考粒度分析结果在测井岩性识别、孔隙度、渗透率、饱和度（束缚水饱和度、残余油饱和度等）的应用方法。

第 5 章 碳酸盐含量分析

碳酸盐含量指碎屑岩胶结物中方解石、白云石等碳酸盐矿物的含量。碳酸盐胶结物会占据孔隙空间，会影响孔隙结构。同时，碳酸盐矿物的密度、声速、含氢指数与泥质或黏土不同，对声波时差、密度、中子孔隙度、电阻率等测井响应都有不同的影响。

测井岩石物理测量碳酸盐含量的主要目的有：
(1) 获得碳酸盐含量，分析控制物性和测井响应的因素；(2) 建立碳酸盐含量与声速、密度、电阻率等测井参数的统计关系，作为定量计算碳酸盐含量的模型，从而作为输入参数开展孔隙度校正；(3) 与孔隙度等参数一起用于建立定量计算束缚水饱和度、残余油饱和度、渗透率等参数的模型；(4) 其他未列出的应用；等等。

5.1 基本定义

岩石碳酸盐含量是指岩石中碳酸钙质量占岩石总质量的百分比。

5.2 实验目的

实验测量岩石碳酸盐含量的目的有：
(1) 加深了解碳酸盐含量的概念和意义；
(2) 掌握测定碳酸盐含量的原理和方法。

5.3 实验原理

岩石中碳酸盐种类较多，一般以碳酸钙为主。利用盐酸与岩样中的碳酸盐发生化学反应，测量所生成二氧化碳气体的体积或压力，可计算出岩石中的碳酸盐含量。化学反应方程式如下：

$$CaCO_3 + 2HCl \longrightarrow CaCl_2 + H_2O + CO_2 \uparrow$$

实验室测量碳酸盐含量的方法有压力法和体积法。其中，以压力法比较常用。该方法的原理如下：首先，用一定质量的纯碳酸钙与足量的稀盐酸反应，记录反应后的压力 p_1。然后，取一定质量的岩样与足量的稀盐酸反应，记录产生的 CO_2 气体压力 p_2。由于 CO_2

气体压力与纯碳酸盐的质量成正比,由此可计算出岩样中含碳酸钙的量。

$$\frac{m_{纯}}{m_{岩样} y} = \frac{p_1}{p_2} \tag{5.1}$$

$$y = \frac{p_2 m_{纯}}{p_1 m_{岩样}} \times 100\% \tag{5.2}$$

式中 $m_{岩样}$——岩样的质量,g;

$m_{纯}$——纯碳酸钙的质量,g;

y——岩样中碳酸盐的质量分数,%;

p_1——纯碳酸钙和岩样反应前的气体压力,kPa;

p_2——纯碳酸钙和岩样反应后的气体压力,kPa。

5.4 实验器材

实验器材包括:电子天平(±0.001g)、研钵、10%稀盐酸、纯碳酸钙、药匙、岩石碳酸盐含量测定仪。

其中,电子天平[图5.1(a)]用于称量岩样质量;研钵[图5.1(b)]用来对样品进行解离处理;浓度10%的稀盐酸[图5.1(c)]用来与样品进行化学反应;岩石碳酸盐含量测定仪[图5.1(d)]用于测定样品碳酸盐含量;纯碳酸钙[图5.1(e)]用来刻度纯碳酸钙质量与压力的关系。

(a) 电子天平

(b) 研钵

(c) 浓度为10%的稀盐酸

(d) 岩石碳酸盐含量测定仪

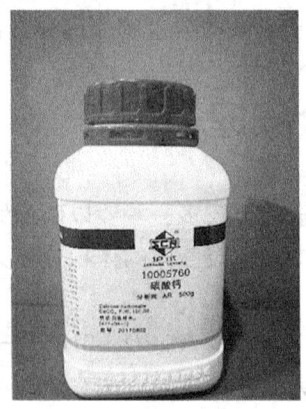
(e) 纯碳酸钙

图5.1 实验器材图

实验原料：待测岩心若干。

5.5 实验步骤

(1) 用样品伞称取 0.2g 左右纯碳酸钙；
(2) 将样品伞安放于反应室盖上方，用顶杆顶住；
(3) 量取 20mL 浓度为 10% 的稀盐酸倒进反应杯内，并将反应杯置于夹持器中，转动 T 形转柄使之密封；
(4) 关闭放空阀，拉动顶杆使样品伞掉进反应室中，使纯碳酸钙与盐酸充分反应；
(5) 当压力稳定后，记录压力 p_1；
(6) 打开放空阀，逆时针转动 T 形转柄取出反应杯，用清水冲洗反应杯与样品伞；
(7) 用样品伞称取 0.2g 左右岩样粉末，按上述步骤测量反应后的压力并记录 p_2。
实验数据记录至表 5.1。

表 5.1　岩石碳酸盐含量实验测量原始表格

测量项目	测量数据	测量项目	测量数据
纯碳酸钙质量 $m_{纯}$，g	0.202	岩样质量 $m_{岩样}$，g	0.2
初始压力 p_0，kPa	3	初始压力 p_0，kPa	3
反应后压力表读数 p_1'，kPa	76	反应后压力表读数 p_2'，kPa	55
反应后气体压力 p_1，kPa	73	反应后气体压力 p_2，kPa	52

5.6 实验注意事项

(1) 测量方法严格按标准 GB/T 29172—2012 执行；
(2) 结合仪器按操作规范执行；
(3) 使用标准样做测前测后检查，若符合不确定度要求，两次检查间测量结果可靠；
(4) 每批样品抽查 10%，平行样测定的允许偏差见表 5.2，如有 1/3 超过允许误差范围，则该批样品须重测。

表 5.2　岩石碳酸盐测定质量检查表

碳酸盐含量,%	<5	5~30	30~50	>50
偏差，%	0.4	0.8	1.2	2.0

5.7 不确定度分析

5.7.1 质量 m_s 的测量不确定度

质量 m_s 标称为 1g，测量不确定度主要来源于电子天平的示值误差引进的不确定度。

设备示值误差的不确定度为 $u_r(m_s)$。

电子天平检定合格，称取质量范围为 0~50g 时，其示值误差为±0.5mg，按其均匀分布考虑，则设备示值误差引入的不确定度为

$$u_r(m_s) = \frac{0.5}{1000 \times \sqrt{3}} = 0.00029(g) \tag{5.3}$$

以相对不确定度表示，可写为

$$u_{cr}(m_s) = \frac{0.00029}{1} \times 100\% = 0.029\% \tag{5.4}$$

5.7.2 压力测量的不确定度

压力测量不确定度主要来源于压力传感器的示值误差引起的不确定度。设备示值误差的不确定度为 $u_r p_s$。

压力传感器检验合格，其示值误差为±1%，则

$$u_r(p_s) = \frac{1\%}{\sqrt{3}} = 0.58\% \tag{5.5}$$

以相对不确定度表示，可写为

$$u_{cr}(p_s) = \frac{0.58\%}{0.8} \times 100\% = 0.725\% \tag{5.6}$$

因此

$$u_{cr}(c) = \sqrt{u_{cr}^2(m_s) + u_{cr}^2(p_s)} = 0.726\% \tag{5.7}$$

5.7.3 重复性引入的不确定度

由于实际检测时测量 m 次取平均值，则由不均匀性引入的不确定度为

$$u_{rrep} = \frac{\sqrt{\frac{\sum_{i=1}^{n}(c_{mi} - \bar{c}_m)^2}{m(n-1)}}}{\bar{c}_m} \tag{5.8}$$

5.7.4 合成相对标准不确定度

合成相对标准不确定度为

$$u_{cr} = \sqrt{u_{cr}^2(m_s) + u_{cr}^2(p_s) + u_{rrep}^2} \tag{5.9}$$

合成标准不确定度：

$$u_c = \bar{c}_m \times u_{cr} \tag{5.10}$$

5.8 数据分析

（1）计算公式。

$$y = \frac{p_2 m_{纯}}{p_1 m_{岩样}} \times 100\% \tag{5.11}$$

式中 $m_{岩样}$——岩样的质量，g；

$m_{纯}$——纯碳酸钙的质量，g；

y——岩样中碳酸盐的质量分数，%；

p_1——纯碳酸钙和岩样反应前的气体压力，kPa；

p_2——纯碳酸钙和岩样反应后的气体压力，kPa。

（2）实验计算结果。

依据式(5.2)可以得到岩石碳酸盐含量的实验测量结果，计算（以表5.1为例）岩石碳酸盐含量：

$$y = \frac{p_2 m_{纯}}{p_1 m_{岩样}} \times 100\% = \frac{52 \times 0.202}{73 \times 0.2} \times 100\% = 71.95\% \tag{5.12}$$

思考及作业题

1. 测定油藏岩石碳酸盐含量对油田开发有什么指导意义？
2. 测定油藏岩石碳酸盐含量对认识声速、密度、电阻率等测井响应以及与孔隙度、渗透率等测井评价模型的建立有何作用？
3. 测井定量计算碳酸盐含量的可能方法有哪些？
4. 岩石碳酸盐含量测试原理是什么？

第 6 章 孔隙度实验测量

孔隙度为多孔岩石的孔隙体积与总体积的百分比。孔隙度是定量表征储层容纳油、气、水能力以及划分储层类型的基本地质参数，是压汞、相对渗透率等实验必需的基本参数，更是测井定量评价储层渗透率、含油气饱和度、容积法储量等参数的基本输入参数，对储层的定量评价非常重要。因此，岩石孔隙度的实验测量也是测井岩石物理的重要内容。

测井岩石物理测量孔隙度的主要目的有：

（1）获得岩石的各种孔隙度（总孔隙度、有效孔隙度、流动孔隙度等），定量表征岩石容纳油、气、水能力；（2）和渗透率等参数一起作为评价指标划分岩石类型，如中孔高渗储层、低孔低渗储层等；（3）建立实验测量孔隙度与声波时差、补偿密度、补偿中子测井的实验统计关系（即刻度过程），作为测井定量评价孔隙度的模型；（4）作为压汞、相对渗透率、驱油效率等实验的输入参数开展相关的油层物理实验以及岩石物理实验等；（5）作为输入参数，参与渗透率、含油气饱和度、容积法储量、流动单元等参数的定量评价等；（6）其他未列出的应用；等等。

6.1 基本定义

孔隙度就是指岩石孔隙体积（V_P）与岩石总体积（V_T）的比值（图 6.1）。基本定义式为

$$\phi = \frac{V_P}{V_T} \times 100\% = \frac{V_T - V_G}{V_T} \times 100\% = \left(1 - \frac{V_G}{V_T}\right) \times 100\% \tag{6.1}$$

式中　V_T——岩石总体积，cm^3；

V_P——岩石孔隙体积，cm^3；

V_G——岩石骨架体积，cm^3。

孔隙度反映储层储集流体的能力。储集岩的总孔隙度越大，说明岩石中孔隙空间越多，但是它不能说明流体是否能在其中流动。岩石中不同的孔隙对流体的储存和所起的作用是完全不同的。考虑到孔隙的类型以及对渗流的作用，可以将孔隙分为 3 种类型：孤立的死孔隙（Isolated Pore）、只有 1 个开口的连通孔隙（Dead-End Pore）、流动孔隙（Conductive Pores）（图 6.2）。其中，孤立的死孔隙不属于连通的孔隙，孔隙具有不连通、不

参与渗流的特点；只有1个开口的连通孔隙与孔隙系统只有一个通道相连，具有连通、不参与渗流的特点；流动孔隙与孔隙系统有两个及两个以上的通道相连，连通并且参与渗流。

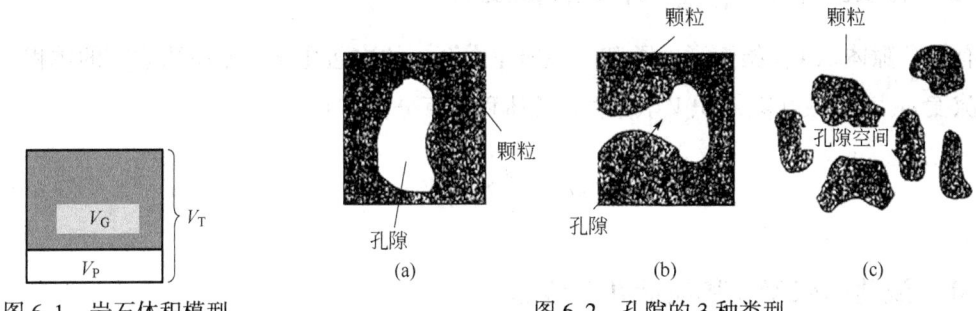

图 6.1 岩石体积模型

图 6.2 孔隙的 3 种类型

(a) 孤立的死孔隙；(b) 只有 1 个开口的连通孔隙；(c) 流动孔隙

对应地，有总孔隙体积 V_P、孤立孔隙体积 V_{iP}、连通或者有效孔隙体积 V_{eP}、流动孔隙体积 V_{fP} 以及对应的总孔隙度 ϕ_t、孤立孔隙度 ϕ_d、有效孔隙度 ϕ_e、流动孔隙度 ϕ_f（图 6.3）。

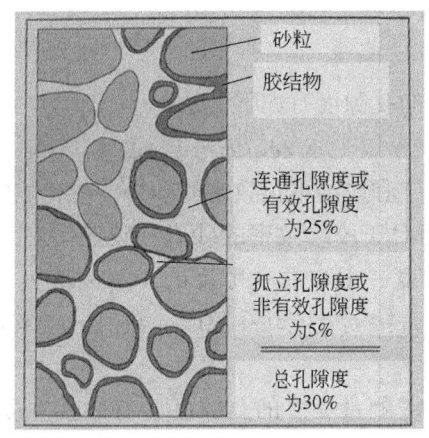

图 6.3 总孔隙度、有效孔隙度、孤立孔隙度图解

6.1.1 总孔隙体积 V_P 和总孔隙度 ϕ_t

总孔隙体积 V_P 指所有孔隙体积，为孤立孔隙体积 V_{iP}、连通或者有效孔隙体积 V_{eP}、流动孔隙体积 V_{fP} 之和。总孔隙度 ϕ_t 为总孔隙体积 V_P 与岩石总体积的百分比，有

$$\phi_t = \frac{V_P}{V_T} \times 100\% \tag{6.2}$$

6.1.2 孤立孔隙体积 V_{iP} 和孤立孔隙度 ϕ_d

孤立孔隙体积 V_{iP} 指孤立的死孔隙的体积。孤立孔隙度 ϕ_d 为孤立孔隙体积 V_{iP} 与岩石总体积的百分比，有

$$\phi_d = \frac{V_{iP}}{V_T} \times 100\% \tag{6.3}$$

6.1.3 有效孔隙体积 V_{eP} 和有效孔隙度 ϕ_e

有效孔隙体积 V_{eP} 指连通的孔隙（只有1个开口的连通孔隙和流动孔隙）的体积。有效孔隙度 ϕ_e 为有效孔隙体积 V_{eP} 与岩石总体积的百分比，有

$$\phi_e = \frac{V_{eP}}{V_T} \times 100\% \tag{6.4}$$

6.1.4 流动体积 V_{fP} 和流动孔隙度 ϕ_f

流动孔隙体积 V_{fP} 指流动孔隙的体积。流动孔隙度 ϕ_f 为流动孔隙体积 V_{fP} 与岩石总体积的百分比，有

$$\phi_f = \frac{V_{fP}}{V_T} \times 100\% \tag{6.5}$$

6.1.5 总结

由以上定义，同一岩石的孔隙度有如下关系：

$$\phi_f < \phi_e < \phi_t = \phi_d + \phi_e$$

一般地，对未胶结的砂层和胶结不很致密的砂岩，总孔隙度和有效孔隙度二者相差不大（差值一般小于4%）。而对于胶结致密的砂岩和碳酸盐岩，二者可有很大的差异。也有说法，统计发现有效孔隙度一般占总孔隙度的40%~75%。流动孔隙度是最小的孔隙度。目前，没有更好的办法直接测量流动孔隙度，数值上应该近似为有效孔隙度和束缚水孔隙度的差值。

其中，最常用的、实验室测量最多的孔隙度为有效孔隙度。一般地，如不加特别说明，孔隙度为有效孔隙度。

6.2 实验目的

通过实验，希望学生能够具有以下能力：

（1）掌握实验测量岩样总体积、孔隙体积、骨架体积的基本原理，了解各实验器材的基本作用，并能够组建实验装置；

（2）能够根据各种实验方法的使用条件，根据生产或者研究需要选择合适的孔隙度实验测量方法，如在岩电实验中，可以结合地层因素的实验测量选用饱和盐水法测量孔隙度；

（3）能够分析实验的误差来源和影响因素，做不确定度评价；

（4）能够思考孔隙度对于其他实验、测井参数定量评价的作用。

6.3 实验原理

由孔隙度定义，孔隙度的实验测量过程可拆解为测量岩样总体积、骨架体积、孔隙体积中的某两个的过程。所以，以下的实验原理是实验测量岩样总体积、骨架体积、孔隙体积的原理。

6.3.1 岩样总体积测定

岩样总体积的实验测量方法主要有游标卡尺法、封蜡排液法、液体饱和排液法3种。实际工作的时候，可以根据岩样的实际情况、研究的需要选择对应的方法。

1. 游标卡尺法

1）测量原理

通过测量柱塞样、全直径岩样、方岩样等形状规则岩样的特征尺寸，利用几何学知识计算得到岩样的总体积。该方法适用于几何形状规整、没有孔洞的岩样。

2）实验器材

最小分度值为0.02mm的游标卡尺，用于测量圆柱体岩样的长度、直径和方岩样的边长。

3）测量步骤

以常用的柱塞样和全直径岩样为例，测量步骤为：

（1）长度 L 测量。具体做法是平行于圆柱体轴向，在柱体周边，每隔1/4周长测1次长度，取3次测量的算术平均值，测量结果记录至表6.1；

（2）直径 D 测量。具体做法是垂直于圆柱体轴向，在两个端面上，互相垂直各测2次，取3次测量的算术平均值，测量结果记录至表6.1。

如果岩样为方岩样，则上述两步骤测量两边长 a_1、a_2，增加步骤（3）测量边长 a_3。

4）质量控制

（1）使用游标卡尺前，应先擦干净两卡脚测量面，合拢两卡脚，检查副尺零线与主尺零线是否对齐，若未对齐，应根据原始误差修正测量度数。

（2）测量样品时，卡脚测量面必须与样品的表面平行或垂直，不得歪斜，且用力不能过大，以免卡脚变形或磨损，影响测量精度。

（3）读数时，视线要垂直于卡面，否则测量值不准确。

（4）游标卡尺使用完后，仔细擦净，抹上防护油，平放在盒内，以防生锈或弯曲。

5）不确定度分析

不确定度分析方法见附录。

6）数据处理

对于柱塞样和全直径岩样，总体积计算公式为

$$V_T = \frac{1}{4}\pi D^2 L \tag{6.6}$$

对于方岩样，总体积计算公式为

$$V_T = a_1 a_2 a_3 \tag{6.7}$$

计算结果记录至表6.1。

表6.1　游标卡尺法岩样总体积实验测量表格

时间：_____　　　地点：_____

样号	边长a_1或直径D cm				边长a_2或长度L cm				边长a_3或长度L cm				总体积 cm³	备注 岩性
	1	2	3	平均值	1	2	3	平均值	1	2	3	平均值		
1	2.542	2.541	2.537	2.540	3.771	3.774	3.775	3.773					19.11	
2	2.536	2.541	2.534	2.537	3.159	3.154	3.159	3.157					15.95	
3	2.531	2.524	2.529	2.528	4.698	4.705	4.703	4.702					23.59	
4	2.547	2.546	2.543	2.545	4.219	4.225	4.216	4.220					21.46	
5	2.541	2.536	2.547	2.541	4.066	4.059	4.072	4.066					20.61	
6	2.536	2.533	2.532	2.534	3.688	3.691	3.684	3.688					18.59	

测量人：_____　　　审核人：_____

2. 封蜡排液法

1）测量原理

封蜡排液法的原理是阿基米德定律，即浸在液体（或气体）里的物体受到向上的浮力。浮力的大小等于物体排开的水等液体（或气体）的重量。该方法适用所有样品，特别是外形不规则或者有孔洞的岩样。封蜡的作用是不让浸泡岩样的液体进入到岩样的孔隙内。

2）实验器材

实验器材有：天平（±0.001g），用于称取岩样封蜡前的质量m_1及封蜡后的质量m_2；温度计、恒温水浴、坩埚、细棉线、石蜡用于在岩样表面包裹石蜡；烧杯、支架、吊网、蒸馏水，配合天平获得封蜡后岩样浸没于液体中的质量m_3。

3）实验步骤

具体操作步骤为：

（1）清理干净岩样，称其质量m_1，记录至原始表6.2；

（2）用细棉线绑好岩样放入一定温度（60~90℃）石蜡中涂封，称取封蜡后质量m_2，记录至原始表6.2；

（3）浸没在水中称质量m_3，记录至原始表6.2。

表6.2　封蜡排液法岩样总体积实验测量表格

时间：_____　　　地点：_____　　　浸液密度　1　g/cm³

样号	封蜡前质量m_1 g	封蜡后质量m_2 g	封蜡后水中质量m_3 g	总体积 cm³	备注 岩性
1	5.722	6.928	3.229	2.358	石灰岩

续表

样号	封蜡前质量m_1 g	封蜡后质量m_2 g	封蜡后水中质量m_3 g	总体积 cm³	备注 岩性
2	5.496	7.598	2.852	2.403	石灰岩
3	7.011	9.879	4.089	2.591	白云岩
4	5.826	6.858	2.942	2.771	砂岩
5	12.005	13.13	6.388	5.501	砂岩

测量人：_____ 审核人：_____

4) 实验注意事项

（1）首先应对样品进行烘干处理。

（2）封蜡处理后的样品应缓慢浸入刚过熔点的蜡液中，浸没后立即取出。

（3）若周围的蜡膜出现起泡现象，应用针刺破，再用蜡液补平。

5) 不确定度分析

不确定度分析方法见附录。

6) 数据分析

计算岩样总体积的公式为

$$V_\mathrm{T} = \frac{m_2 - m_3}{\rho_\mathrm{w}} - \frac{m_2 - m_1}{\rho_\mathrm{c}} \tag{6.8}$$

式中　ρ_w——蒸馏水密度，g/cm³；

　　　ρ_c——石蜡密度，g/cm³。

计算结果记录至表6.2。

3. 液体饱和排液法

1) 测量原理

液体饱和排液法的原理与封蜡排液法基本相同。和封蜡排液法不同的地方在于这种方法已经实现用盐水或者其他浸泡液体饱和，所以当在液体浸泡时浸泡液不会进入到岩石的孔隙内。需要注意的是采用液体应不会使骨架矿物膨胀而改变岩石的结构，造成孔隙体积和总体积的改变。在测井岩石物理实验中，当需要测量地层因素时，常常使用饱和盐水法测量岩样的总体积，同时可以测量孔隙体积得到孔隙度（参见6.3.3节）。

2) 实验器材

实验器材有0.001g电子天平用于称量饱和液体岩样的质量；烧杯、支架、吊篮、饱和岩样的液体（通常是盐水或煤油），配合天平测量岩样的水中质量；比重计，用于测量液体的密度。

3) 实验步骤

具体操作步骤为：

（1）在空气中称取饱和样质量m_1，记录至表6.3；

（2）浸没在饱和溶液中称质量m_2，记录至表6.3；

（3）测量液体的密度ρ_f，记录至表6.3。

表 6.3 液体饱和排液法岩样总体积实验测量表格

时间：_____   地点：_____   浸液密度 1.024g/cm³

样号	饱和后质量 m_1 g	浸没在饱和溶液中的质量 m_2 g	总体积 cm³	备注 岩性
1	71.512	41.667	29.15	砂岩
2	71.126	42.686	27.77	砂岩
3	67.229	39.217	27.36	砂岩
4	67.328	38.916	27.75	砂岩
5	68.947	40.307	27.97	砂岩
6	71.296	41.64	28.96	砂岩
7	58.187	30.37	27.17	砂岩
8	59.371	31.791	26.93	砂岩

测量人：_____   审核人：_____

4）质量控制

（1）如用煤油饱和岩心，在测量过程中应该动作迅速，以防煤油挥发引起误差；

（2）为防止岩心遇水膨胀，不能用淡水来饱和岩心。

5）不确定度分析

不确定度分析方法见附录。

6）数据分析

计算岩样总体积的公式为

$$V_T = \frac{m_1 - m_2}{\rho_f} \tag{6.9}$$

计算结果记录至表 6.3。

6.3.2 岩样骨架体积测定

1. 测量原理

实验的原理是波义耳—马略特定律，即理想气体 PVT 状态方程，有

$$\frac{p_1 V_1}{T_1} = \frac{p_2 V_2}{T_2} \tag{6.10}$$

假设实验过程中温度不变，则为等温膨胀，有

$$p_1 V_1 = p_2 V_2 \tag{6.11}$$

因此，可按图 6.4 所示测量得到骨架体积：气体在体积 V_k 与预设压力 p_k 的标准室，打开阀门等温膨胀到未知室体积 V 中，若膨胀后测量最终平衡压力为 p，则未知体积量 V 可以用波义耳定律求得，有

$$V = V_k(p_k - p)/p \tag{6.12}$$

对于低压真实气体，在弹性体积中作等温膨胀，考虑到器壁的压变性，忽略一些次要因素，计算公式为

$$V = V_k \frac{p_k - p}{p} + \frac{p + p_o}{p} G(p_k - p) \tag{6.13}$$

式中 p_0——当地当时大气压，MPa；
G——体系的压变系数。

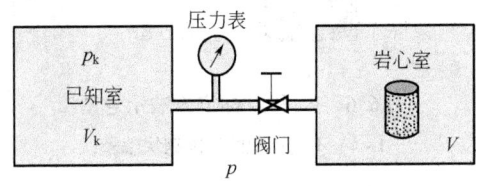

图6.4 氦气法等温膨胀示意图

由公式可知，若已知 p_k、V_k、G，待测体积只是平衡压力 p 的函数，只要测定平衡压力 p 即可。

就实验而言，使用某种流体（气体、流体）进入岩样孔隙是必需的，因此通常实验室测量的孔隙度为有效孔隙度 ϕ_e。由于氦气、氮气等气体分子较小，更容易进入岩石的孔隙体积，因此常被作为实验介质来测量有效孔隙度。通常，实验室习惯将用气体测量的孔隙度称为气体孔隙度。考虑到氦气性质稳定、吸附能力弱，是优选的测量介质，因此，氦气法孔隙度被大部分实验室认可使用。

2. 测量器材

测量器材有：氦孔隙度仪，用于控制膨胀前压力和测量膨胀后压力（图6.5）；标准块，用于刻度确定 V_k、G，在测量岩心骨架体积时，应将标准块放入岩心室以尽可能填满岩心室；气压计，用于确定大气压 p_0。

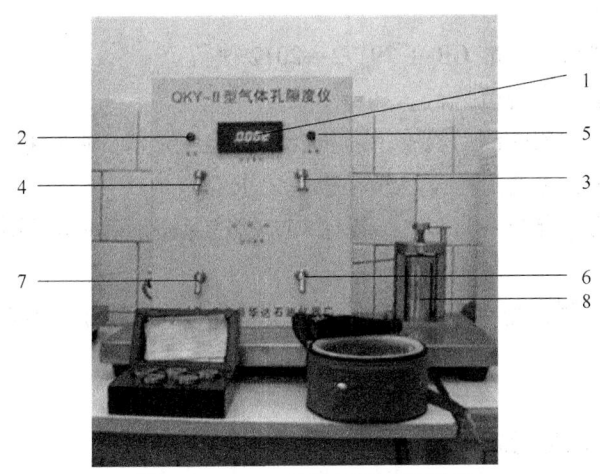

图6.5 KXD-Ⅱ型气体孔隙度仪

1—压力显示器；2—电源；3—放空阀；4—膨胀阀；5—压力调节阀；6—进气阀；7—气源阀；8—岩心室

3. 测量步骤

1）V_k 和 G 标定（图6.6）

（1）打开气瓶，调节减压阀至0.8MPa；

（2）岩样杯中装满钢块；

（3）同时打开气源阀和进气阀，通过压力调节阀控制压力，同时关闭气源和进气阀，稳定后记录压力显示器读数 p（一般为0.54MPa），打开膨胀阀，稳定后记录压力显示器读数 p_1，最后，放空；

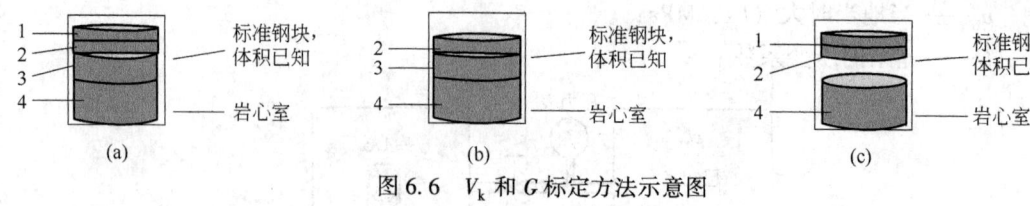

图 6.6 V_k 和 G 标定方法示意图

1~4—不同体积的标准钢块编号

(4) 从杯中取出第一号钢块,重复(3)操作得到平衡压力 p_2;

(5) 从杯中取出第三号钢块(装进第一号钢块),重复(3)操作得到平衡压力 p_3;

(6) 方程组计算得到 V_k 和 G。

2) 样品测量

(1) 将样品放入岩心室,用钢块尽可能多地填满岩心室,并记录取出的钢块号;

(2) 同时打开气源阀和进气阀,通过压力调节阀控制压力,同时关闭气源和进气阀,稳定后记录压力显示器读数 p_{o1}(一般与刻度 V_k 和 G 时的压力相同);

(3) 打开膨胀阀,稳定后记录压力显示器读数 p_{f1};

(4) 通过压力调节阀控制压力两次 p_{o2}、p_{o3},得到膨胀后压力 p_{f2}、p_{f3};

(5) 根据式(6.14)计算骨架体积 V_{G1}、V_{G2}、V_{G3},取平均值为 V_G;

(6) 打开放空阀,完成一次孔隙度测量;

(7) 重复过程(1)~(4)完成下一块岩样的测量。

4. 实验注意事项

(1) 测量方法严格按标准 GB/T 29172—2012 执行。

(2) 结合仪器按操作规范执行。

(3) 使用标准样做测前测后检查,若符合不确定度要求,两次检查间测量结果可靠。

(4) 无标准样时,可通过重复测量检查,要求:

① 抽查 10%(明)或 5%(暗),若有 30% 超过允许不确定度要求,找出原因后重测整批样品;

② 同一块样品重测,绝对不确定度不超过 1%,孔隙度小于 10% 样品,绝对不确定度不超过 0.5%。

5. 不确定度分析

不确定度分析方法见附录。

6. 数据处理

1) V_k 和 G

$$V_1 = V_k \frac{p_k - p_1}{p_1} + \frac{p_1 + p_o}{p_1} G(p_k - p_1) \tag{6.14}$$

$$V_2 = V_k \frac{p_k - p_2}{p_2} + \frac{p_2 + p_o}{p_2} G(p_k - p_2) \tag{6.15}$$

$$V_3 = V_k \frac{p_k - p_3}{p_3} + \frac{p_3 + p_o}{p_3} G(p_k - p_3) \tag{6.16}$$

由以上方程组,有

$$V_3-V_1=V_k\left(\frac{p_k}{p_3}-\frac{p_k}{p_1}\right)+\left[\left(\frac{p_k}{p_3}-1\right)(p_3+p_o)-\left(\frac{p_k}{p_1}-1\right)(p_1+p_o)\right]G \qquad (6.17)$$

$$V_2-V_1=V_k\left(\frac{p_k}{p_2}-\frac{p_k}{p_1}\right)+\left[\left(\frac{p_k}{p_2}-1\right)(p_2+p_o)-\left(\frac{p_k}{p_1}-1\right)(p_1+p_o)\right]G \qquad (6.18)$$

$$A=\frac{p_k}{p_3}-\frac{p_k}{p_1} \qquad (6.19)$$

$$B=\left(\frac{p_k}{p_3}-1\right)(p_3+p_o)-\left(\frac{p_k}{p_1}-1\right)(p_1+p_o) \qquad (6.20)$$

$$C=\frac{p_k}{p_2}-\frac{p_k}{p_1} \qquad (6.21)$$

$$D=\left(\frac{p_k}{p_2}-1\right)(p_2+p_o)-\left(\frac{p_k}{p_1}-1\right)(p_1+p_o) \qquad (6.22)$$

$$G=\frac{A(V_2-V_1)-C(V_3-V_1)}{AD-BC} \qquad (6.23)$$

$$V_k=\frac{D(V_3-V_1)-B(V_2-V_1)}{AD-BC} \qquad (6.24)$$

式中，V_2-V_1 为第一次取出的第一号钢块体积；V_3-V_1 为第二次取出的第三号钢块体积。记录 V_k 和 G 至表6.4。

表6.4 氦气法岩样孔隙度实验测量表格

时间：_____   地点：_____ V_k：__39.98cm³__

岩心编号	长度 cm	直径 cm	取出钢块号	p_{o1} MPa	p_{o2} MPa	取出钢块体积 V_s cm³	骨架体积 V_g cm³	孔隙度 %	平均孔隙度 %
S1	3.77	2.54	24	0.571	0.413	16.15	16.27	14.87	14.63
	3.77	2.54	24	0.569	0.412	16.15	16.33	14.53	
	3.77	2.54	24	0.600	0.435	16.15	16.34	14.48	

测量人：_____   审核人：_____

2）岩样骨架体积确定

由于气体孔隙度仪在结构设计上考虑了精度和校正标准室体积的问题，在岩样杯（未知室）中装满了不同体积的钢块，所以在测定 $p_{o1}(V_{o1})$ 时，在岩心杯中装满钢块。测得 $p_{o2}(V_{o2})$ 时，应从杯中取出与岩样外表体积相当的钢块，并记录取出钢块的体积 V_s，最后得到岩样骨架体积为

$$V_g=V_{o1}+V_s-V_{o2} \qquad (6.25)$$

6.3.3 岩样孔隙体积测定

测量孔隙体积的方法有氦孔隙计法和液体饱和法。这两种方法是将气体或者液体填充岩心孔隙后，根据填充前后的压力或者质量来获得孔隙体积。

1. 氦孔隙计法

原理、方法等大致同氦气法测量骨架体积，不同的是使用哈斯勒夹持器，膨胀后的气

体会进入孔隙,因此压力的变化会反映孔隙体积。不同于岩心室,膨胀后气体不能进入的骨架体积决定最终的平衡压力。由于需要使用哈斯勒夹持器,因此,氦孔隙计法仅适用于形状规则的柱塞样。

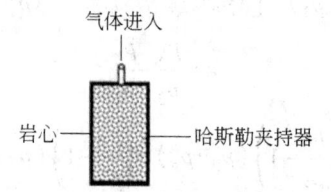

图 6.7 氦孔隙计测量孔隙体积的示意图

2. 液体饱和法

1) 实验原理

使用液体完全饱和岩心,根据岩样饱和前、饱和后的质量差值确定饱和液的质量,由密度定义代入液体密度计算出孔隙体积。方法适用于形状规整的柱塞样和块状岩样。

该方法使用的前提是液体能够完全饱和孔隙体积,因此适用于渗透性好(容易饱和)的岩样。若含黏土矿物,应选用煤油做饱和流体。现场常用的方法是饱和煤油法。在测井岩石物理实验,特别是岩电实验,常常选用地层水作为饱和液体(不会产生配伍性的问题)。

2) 实验器材

使用的器材包括:烘箱,用于烘干岩样;千分之一电子天平,用于称量得到干岩样质量 m_{dry}、岩样饱和后的质量 m_{sat};抽真空加压饱和装置,用于饱和岩样;煤油和地层盐水等溶液。

3) 测量步骤

实验测量步骤有:

(1) 称取烘干样质量 m_{dry},记录至表 6.5;

(2) 抽真空加压饱和岩样,称取质量 m_{sat},记录至表 6.5。

表 6.5 液体饱和法岩样孔隙体积实验测量表格

时间:_____ 地点:_____ 浸液密度 1.024g/cm^3

样号	干燥样质量 m_{dry} g	饱和后质量 m_{sat} g	孔隙体积 cm³	备注 岩性
1	68.164	71.512	3.270	砂岩
2	69.714	71.126	1.379	砂岩
3	64.145	67.229	3.012	砂岩
4	63.722	67.328	3.521	砂岩
5	65.947	68.947	2.930	砂岩
6	68.048	71.296	3.172	砂岩
7	49.717	58.187	8.271	砂岩
8	51.417	59.371	7.768	砂岩

测量人:_____ 审核人:_____

4) 实验注意事项

（1）用煤油饱和岩心，在测量过程中应该动作迅速，以防煤油挥发引起误差；

（2）启动真空泵时，应先顺着皮带轮的旋转方向旋转皮带数圈，无异常后方可通电运转；

（3）使用电子天平称量时，应将称量物置于纸上或洁净干燥容器中，以免沾染腐蚀天平。

5) 不确定度分析

不确定度分析方法见附录。

6) 数据处理

孔隙体积计算公式为

$$V_\mathrm{p} = \frac{m_\mathrm{sat} - m_\mathrm{dry}}{\rho_\mathrm{f}} \quad (6.26)$$

式中 ρ_f——饱和溶液密度，$\mathrm{g/cm^3}$。

6.4 实验注意事项

（1）岩样符合 GB/T 29172—2012 中的要求；

（2）液体饱和法取样大小视岩性均质程度而定，均质砂岩取 10~15g，含泥质结核等砂岩取 25~40g，非均质较严重岩心则作全直径样品测定；

（3）抽真空时，真空度至少达到 133.3Pa。

6.5 孔隙度实际处理方法

如前所述，岩样孔隙度的测量是总体积、骨架体积、孔隙体积中的某两个参数的实验测量过程。实际工作的时候，可以根据岩样的形状、有无孔洞等实际情况以及研究的需要选择对应的组合方法得到孔隙度。通常，对柱塞样可以采用游标卡尺法和氦气法测量孔隙度。对于块样样品，一般用饱和法（饱和排液法以及饱和度测量总体积和孔隙体积）测量得到孔隙度。

注意，在使用液体饱和法时，按照式(6.27)和式(6.10)，有

$$\phi = \frac{m_\mathrm{sat} - m_\mathrm{dry}}{m_\mathrm{sat} - m_\mathrm{in}} \quad (6.27)$$

公式中消去了密度项，使用起来更容易。

液体饱和法岩样孔隙体积实验测量表格见表 6.6。

表 6.6 液体饱和法岩样孔隙体积实验测量表格

时间：_____ 地点：_____

样号	干燥样质量 m_dry g	饱和后质量 m_sat g	饱和后浸泡饱和液中质量 m_in g	孔隙度 %	岩性
1	68.164	71.512	41.667	11.22	砂岩

续表

样号	干燥样质量 m_{dry} g	饱和后质量 m_{sat} g	饱和后浸泡饱和液中质量 m_{in} g	孔隙度 %	岩性
2	69.714	71.126	42.686	4.96	砂岩
3	64.145	67.229	39.217	11.01	砂岩
4	63.722	67.328	38.916	12.69	砂岩
5	65.947	68.947	40.307	10.47	砂岩
6	68.048	71.296	41.64	10.95	砂岩
7	49.717	58.187	30.37	30.45	砂岩
8	51.417	59.371	31.791	28.84	砂岩

测量人：_____　　审核人：_____

思考及作业题

1. 如何测定流动孔隙度？
2. 总孔隙度与有效孔隙度的差值一般会有多少？决定差值的因素有哪些？
3. 地层条件下孔隙度的最优测量方案是什么？
4. 对于富含黏土的岩石，常规方法测量孔隙度会存在哪些问题，如何解决？
5. 如何可以测量得到裂缝、孔洞的孔隙度？
6. 薄片鉴定的面孔率与实验室测量的孔隙度应该是什么样的关系？
7. 如何应用孔隙度实验数据结合声波时差、密度、电阻率等测井响应建立孔隙度测井评价方法？
8. 如何应用孔隙度建立渗透率、束缚水饱和度、残余油饱和度等参数的测井评价模型？
9. 测井定量计算孔隙度的可能方法有哪些？各有何优缺点？
10. 在应用声波时差、补偿密度、补偿中子测井计算岩石孔隙度时，如果井眼比较规则（无垮塌和扩径），哪一种测井更好？为什么？

第 7 章 渗透率实验测量

储层的渗透性是指在一定的压差下，岩石允许流体通过其连通孔隙的性质。换言之，渗透性是指岩石对流体的传导性能。严格地讲，自然界的一切岩石均具有相互连通的孔隙，在漫长的地质年代里，在足够大的压差条件下都具有一定的渗透性。通常，渗透性岩石与非渗透性岩石是相对的，渗透性岩石是指在地层压力条件下，流体能较快地通过其连通孔隙的岩石，如砂岩、砾岩、裂缝灰岩、白云岩等。如果流体通过的速度很慢，为非渗透性岩石，如泥页岩、石膏、岩盐、致密灰岩等。

储层的渗透性决定了油气在其中渗滤的难易程度，是储层产液性质以及产能评价的重要参数。岩石渗透性的好坏是用渗透率来表示的。根据生产实践的需要，人们提出了绝对渗透率、有效渗透率和相对渗透率（参见第 12 章）的概念。

测井岩石物理测量渗透率的主要目的有：

（1）获得储层渗透率的定量表征，结合孔隙度对储层根据物性分类；（2）考察渗透率与孔隙度、泥质含量、粒度中值等参数的关系，以建立渗透率的测井评价模型；（3）与孔隙度合并计算流动单元；（4）作为输入参数参与建立束缚水饱和度、残余油饱和度的统计关系，作为束缚水饱和度、残余油饱和度的测井评价模型；（5）其他未列出的应用等。

本书内容以柱塞样稳态法渗透率测量为主。为了满足致密岩石、页岩岩石、非均质性强的复杂储层，也对非稳态法渗透率做了简单介绍，供有条件的教学实验室教学使用，或者用于引导学生进行探究式学习。

7.1 基本定义

7.1.1 Darcy 公式推导得到绝对渗透率

当岩石为某一单相流体饱和时，岩石与流体之间一般不发生任何物理—化学反应（不压缩），在一定压差作用下，流体呈水平线性稳定流动状态时所测得的岩石对流体的渗透率，称为该岩石的绝对渗透率。

据达西公式，渗透率可写为

$$K = \frac{Q\mu L}{A\Delta p} \quad (7.1)$$

式中 K——渗透率，μm^2；

Q——液体的体积流量，cm^3/s；

μ——液体的黏度，$mPa \cdot s$；

L——岩样的长度，cm；

A——岩样的横截面积，cm^2；

Δp——岩样两端的压差，$10^5 Pa$。

从理论上讲，岩石的绝对渗透率只反映岩石本身的特性，而与测定时所用的流体性质及测定条件无关。

7.1.2 气体渗透率

通常，为了更容易获得渗透率且不污损岩样，常测量气体渗透率（空气渗透率、克氏渗透率等）。当使用气体作为测量介质时，由于气体的压缩性比较好，在进口压力到出口压力的渗流路径上各个位置的压力不同，会导致气体体积膨胀（压力减小所致），不可以直接使用达西公式计算渗透率。实际推导（推导过程参见《测井岩石物理》）时，需要使用平均压力 $\bar{p}$ 和平均流量 $\bar{Q}$，有

$$\bar{p} = \frac{p_1 + p_2}{2} \tag{7.2}$$

$$\bar{Q} = \frac{Q_1 + Q_2}{2} \tag{7.3}$$

式中 p_1——进口压力，$10^5 Pa$；

p_2——出口压力，$10^5 Pa$；

Q_1——进口端的流量，cm^3/s；

Q_2——出口端的流量，cm^3/s。

气体渗透率 K_g 可以写为

$$K_g = \frac{\bar{Q}\mu_g L}{A \Delta p} = \frac{\mu_g L \frac{2 p_0 Q_0}{p_1 + p_2}}{A(p_1 - p_2)} = \frac{2 p_0 Q_0 \mu_g L}{A(p_1^2 - p_2^2)} \tag{7.4}$$

一般地，常用的实验测量装置采用皂膜流量计计量流量，出口端为大气（压力为大气压 p_0），有

$$K_g = \frac{\bar{Q}\mu_g L}{A \Delta p} = \frac{\mu_g L \frac{2 p_0 Q_0}{p_1 + p_0}}{A(p_1 - p_0)} = \frac{2 p_0 Q_0 \mu_g L}{A(p_1^2 - p_0^2)} \tag{7.5}$$

式中 p_0——大气压力，$10^5 Pa$；

Q_0——出口为大气条件的流量，cm^3/s。

用气体作为测量介质时，可以使用式(7.5)计算渗透率。其中，空气渗透率是现场常用的渗透率，一般采用小压差测量出的气体渗透率作为空气渗透率（取决于实验员的经验）。

7.1.3 克氏渗透率

实验测量岩石气体渗透率时发现：采用不同气体或者采用同一气体的不同压力（压力差）得到的渗透率是不同的（图7.1）。

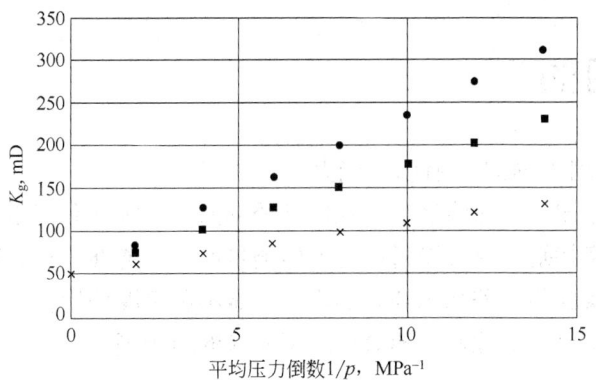

图 7.1 不同气体渗透率随压力变化示意图
●—氢气；■—氮气；×—空气

一般地，同一岩样的气体渗透率和液体渗透率不同，气体渗透率值大于液体渗透率值，特别在低速渗流（等同于低压差）时二者的差别越明显。气体渗透率自身也不是恒定不变的：同一岩样，同一种气体，在不同的平均压力下，所测得的渗透率是不同的。低平均压力下测得的渗透率较高，高平均压力下测得的渗透率较低；同一岩样在相同的平均压力下，用不同气体（空气、氮气）测得的渗透率也是不同的。通常密度大的气体测得的渗透率值偏低。

理论上，渗透率是岩石本身的性质，与测量介质和条件无关。这是为什么呢？实际上是由于气体黏度小产生的"滑脱效应"造成的，并且与气体分子自由程有关——分子量越小，平均压力越小，"滑脱效应"越明显。当压力趋向于无穷大时，气体性质越来越接近于液体，其流动状况与液体的情况接近，则不再出现滑脱现象，渗透率趋近于一个常数（图7.1）。

为了消除气体"滑脱"效应对气体渗透率测量的影响，Klinkenberg 提出了克氏渗透率 K_∞ 的概念，即平均压力为无穷大（相当于入口压力 p_1 为无穷大）时的气体渗透率。可见，克氏渗透率表征了气体性质接近于液体性质时的渗透率，与液体渗透率大致相等。由定义，克氏渗透率 K_∞ 实际上就是图7.1中的截距，克氏渗透率与气体渗透率的关系为

$$K_g = K_\infty \left(1 + \frac{b}{\bar{p}}\right) = K_\infty + \frac{bK_\infty}{\bar{p}} \tag{7.6}$$

式中　b——气体性质和岩石孔隙结构的常数。

由以上分析，克氏渗透率是平均压力为无穷大时的渗透率，这时气体的性质与液体接近，较好地克服了气体"滑脱"效应对气体渗透率测量的影响。相对而言，实验室经常提供的空气渗透率实际上是入口压力比较小的气体渗透率，基本上是对岩样能够测量得到

的最大渗透率，比克氏渗透率高很多。

克氏渗透率为比较和综合不同性质气体、不同压力条件下气体渗透率的测量结果建立了统一的标准。由于与液体渗透率的数值比较接近，也有利于对分别使用气体和液体测试的渗透率数据进行比较和综合研究。因此，克氏渗透率是气体渗透率的最佳表征参数，应是使用气体介质进行渗透率测量的最终结果。

7.2 实验目的

通过实验，希望学生能够具有以下能力：
(1) 掌握达西定律、气体渗透率、克氏渗透率的基本定义和使用条件；
(2) 了解渗透率特别是克氏渗透率的实验测量原理，能够组建渗透率实验测量装置；
(3) 能够分析实验的误差来源和影响因素，做不确定度评价；
(4) 能够思考渗透率实验对于相对渗透率实验的影响等。

7.3 实验原理

在一定气体压力差作用下，使气体流过岩心，由于不同岩心的渗透能力不同，因而经过岩心中的气体流速也不相同，测量气体通过岩样两端的压力 p_1、p_2，配置适当的皂膜流量计，测量其气体的流速，从而求得岩样在平均压力 $p=(p_1+p_2)/2$ 下的气体体积流量 Q，直接代入式(7.3)便可计算岩样的渗透率。

7.4 实验器材

图 7.2 给出了常用的测量装置。

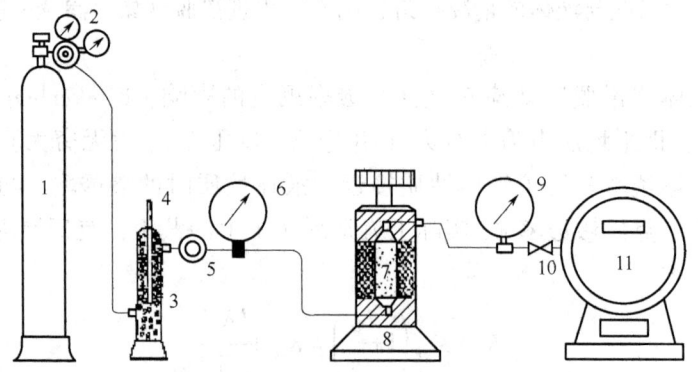

图 7.2 气体渗透率测量装置

其中：1 是气瓶，作为气源；2 是减压阀，用于将压力调整至 1MPa 左右，用于提供围压（此例中没有显示）以及驱替压力；3 是干燥过滤器，用于给气体除湿；4 是温度计,用于计量温度以确定气体黏度;5是微调压稳压阀,用于调整进口端压力;6是进口标准压力表,用于计量进口端压力 p_1,可用于克氏渗透率的测量(需要测量3个以上不同进口压力的气体渗透率);7是柱塞样,侧面通过胶套有围压,用于避免气体从岩样和胶套之间的环空通过;8是岩心夹持器,一般为哈斯勒夹持器;9是出口标准压力表,用于计量出口端压力 p_2;10是出口控制阀,用于通过气体;11是气体流量计,用于计量流量。

若出口是大气压,则9是大气压计,出口端压力 p_2 为大气压 p_0,10和11直接接洗耳球和皂膜流量计。洗耳球的作用是盛放肥皂水,用于产生泡沫;皂膜流量计的作用是通过计量皂膜走行体积花费的时间计量流量。图7.3是一台比较典型的常规实验条件渗透率测量仪。

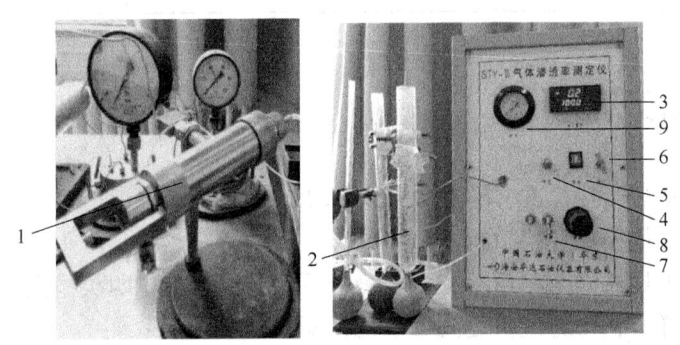

图7.3 气体渗透率测量仪
1—哈斯勒夹持器;2—皂膜流量计;3—压力显示器;4—围压阀;5—电源;
6—放空阀;7—气源阀;8—压力调节阀;9—大气压计

7.5 实验步骤

以图7.3为例说明实验测量步骤:
(1) 打开气瓶,调节减压阀至3MPa(一般为1MPa即可);
(2) 将样品放入哈斯勒夹持器,若样品太短可用钢块补长;
(3) 打开气源阀和围压阀,通过压力调节阀控制压力至1.8MPa,此时围压为1.8MPa,关闭围压阀;
(4) 通过压力调节阀控制进口压力至一个较低的值(能够保证测量到稳定流量即可),稳定后记录压力显示器读数 p_{11},记录至表7.1;
(5) 用洗耳球挤出一个气泡,通过秒表计量时间 T_1 并记录通过的体积 V_1,记录至表7.1;
(6) 调节压力调节阀,增加 p_{12}(注意有一个合适的增量,如1.5倍左右),测量对应时间 T_2 并记录通过的体积 V_2,记录至表7.1;
(7) 调节压力调节阀,增加 p_{13}(注意有一个合适的增量,如1.5倍左右),测量对应时间 T_3 并记录通过的体积 V_3,记录至表7.1;
(8) 关闭气源阀,打开放空阀,排掉气体,实验测量结束。

表 7.1 气体渗透率测定记录表

岩心编号	L cm	横截面积 cm^2	压力 MPa	体积 mL	时间 s	K_g mD	$1/p$ MPa^{-1}
X	7.87	4.83	0.0742	160	18.47	258.324	7.294
	7.87	4.83	0.105	180	13.4	254.485	6.557
	7.87	4.83	0.1346	200	10.8	249.470	5.977
	7.87	4.83	0.1653	200	8.19	245.362	5.475
Y	4.535	4.969	0.1029	2	26.4	0.827	6.603
	4.535	4.969	0.1704	3	20.75	0.779	5.400
	4.535	4.969	0.2542	3	11.75	0.752	4.403
	4.535	4.969	0.3268	6	16.32	0.727	3.797

7.6 实验注意事项

（1）测量方法严格按标准 GB/T 29172—2012 执行。
（2）结合仪器按操作规范执行。
（3）使用标准样做测前测后检查，若符合不确定度要求，两次检查间测量结果可靠。
（4）无标准样时，可通过重复测量检查，要求：
① 抽查 10%（明）或 5%（暗），若在相同压差、相同气体流动方向条件下有 30% 超过允许不确定度要求，找出原因后重测整批样品；
② 同一块样品重测，绝对不确定度不超过 5%（$K>10$mD）或 15%（$K<10$mD）。

7.7 不确定度分析

不确定度分析方法见附录。

7.8 数据分析

数据处理步骤：
（1）对每块岩样，在每种压力下测量的气体渗透率可以按式(7.3)计算。
对岩样 X 的算例见表 7.2。

表 7.2 岩样 X 气体渗透率测量结果

岩心编号	L cm	横截面积 cm^2	压力 MPa	体积 mL	时间 s	K_1 mD	$1/p$ MPa^{-1}
X	7.87	4.83	0.0742	160	18.47	258.324	7.294
	7.87	4.83	0.105	180	13.4	254.485	6.557
	7.87	4.83	0.1346	200	10.8	249.470	5.977
	7.87	4.83	0.1653	200	8.19	245.362	5.475

(2) 在每块岩样计算得到 n 种进口压力的气体渗透率后,制作气体渗透率与平均压力倒数 $2/(p_1+p_0)$ 的交会图。

对岩样 X,可绘制图 7.4,采用线性拟合,由截距确定克氏渗透率为 206.35mD。

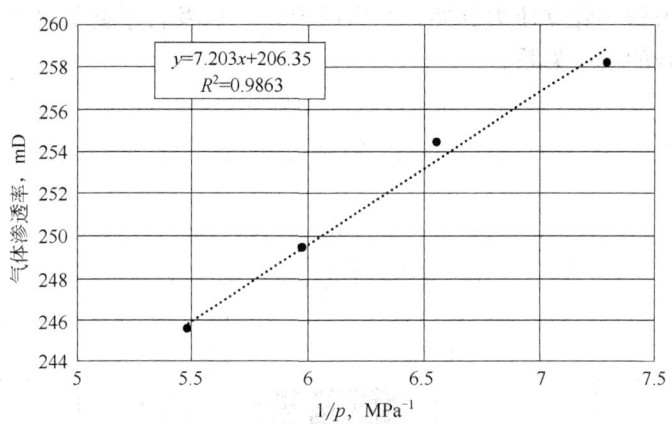

图 7.4 岩样 X 的气体渗透率与平均压力倒数交会图

7.9 非稳态法渗透率实验方法——脉冲衰减法

对于非常致密的岩石,特别是渗透率小于 10^{-3}mD 的致密砂岩和页岩,使用稳态法测量渗透率时想达到稳定流动变得非常困难。因此,发展了非稳态法渗透率实验方法——脉冲衰减法。该方法有测量时间短、压力监测易于实现等优点。脉冲衰减法的渗透率测试范围为 $10^{-5} \sim 10^{-1}$mD。

7.9.1 实验原理

图 7.5 是脉冲衰减法测试渗透率示意图。在被测试岩样的两端各连接一个压力室。测试时待上、下游压力室和岩样中的压力达到平衡 p_0 后,在上游压力室施加一个压力脉冲 Δp,使上游压力室的压力升高为 p_i,上、下游压力室产生一个附加压力差,流体在压差的作用下开始流动,上游压力室压力开始衰减,而下游压力室压力开始上升,最后上、下游压力室(岩样两端)的压力重新达到平衡 p_f。通过分析岩样的压力衰减曲线来确定岩样的渗透率。当然,也可以通过下游压力室降压 Δp 开始测量。

图 7.5 脉冲衰减法测试渗透率示意图

7.9.2 实验器材

图7.6为脉冲衰减法渗透率测试示意图。该装置的构成就是要实现在上游室、下游室出现压力平衡、失稳（建立压力脉冲，产生压力差）以及再平衡的过程中得到上游室压力随时间动态衰减的测量关系。

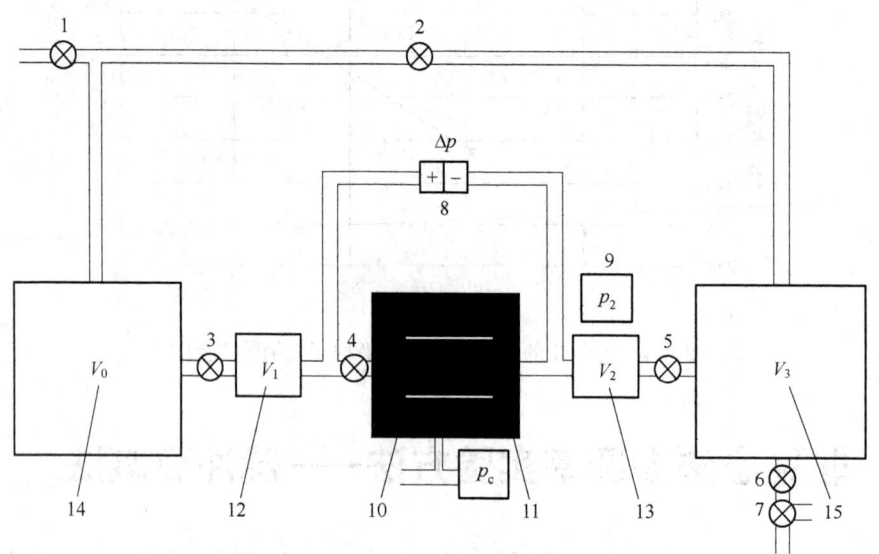

图7.6 脉冲衰减法渗透率测试示意图

1—进气阀；2—上下游室连接阀；3—上游室进气阀；4—上游室出气阀；5—下游室出气阀；
6—排气阀；7—针形阀；8—压差传感器；9—压力传感器；10—岩心夹持器；
11—岩石样品；12—上游室；13—下游室；14—上游缓冲室；15—下游缓冲室

压力传感器精度不低于±0.0689kPa(0.01psi)，上游室体积与下游室体积尽量保持一致，约为10cm³。

7.9.3 实验步骤

实验测量按以下步骤测量：

(1) 进行样品有效孔隙度的测试，如已知样品有效孔隙度，则不需执行该步骤；

(2) 用游标卡尺测量样品的直径和长度并记录，如有裂缝，需记录；

(3) 将样品装入岩心夹持器中，加载一定的围压（推荐为10MPa）；

(4) 打开进气阀1、上下游室连接阀2、上游室进气阀3、上游室出气阀4和下游室出气阀5，关闭排气阀6和针形阀7，往测试系统中注入氮气，确保系统内的压力（推荐为7MPa）小于围压；

(5) 关闭进气阀1，等待岩石样品饱和氮气（饱和时间不少于5min），记录系统内的压力，该压力为孔隙压力；

(6) 关闭上下游室连接阀2和上游室进气阀3，打开排气阀6，缓慢打开针形阀7，排出下游室中一定量的气体，使得上下游压差达到0.0689~0.2067MPa(10~30psi)时，关闭下游室出气阀 5；

(7) 上下游压差每降 0.00689MPa（1psi）记录下游压力、上下游压差和时间；

(8) 当上下游压差降至一定值时（推荐压差小于初始压差的 1/3），停止测试；

(9) 打开上下游室连接阀 2、上游室进气阀 3 和下游室出气阀 5，完全打开针形阀 7，放空系统内气体，卸载围压，取出样品。

7.9.4 实验注意事项

(1) 样品未被污染，保持清洁；

(2) 孔隙度和渗透率测试过程中，测试系统的温度变化不大于 1℃；

(3) 压力传感器精度不低于 ±0.0689kPa(0.01psi)，上游室体积与下游室体积尽量保持一致，约为 10cm³。

7.9.5 数据分析

按照式(7.7)计算脉冲衰减法渗透率值，有

$$K=-\frac{s_1\mu_s L f_z}{f_1 A p_m\left(\dfrac{1}{V_1}+\dfrac{1}{V_2}\right)}\times 0.98\times 10^{-11} \tag{7.7}$$

式中 K——脉冲衰减法渗透率，mD；

s_1——直线斜率；

μ_s——气体黏度，Pa·s；

L——岩样长度，cm；

f_z——实际气体偏离理想气体的特性值；

A——岩样截面积，cm²；

p_m——上游室与下游室平均压力，Pa；

V_1——上游室体积，cm³；

V_2——下游室体积，cm³；

f_1——流量校准因子。

页岩脉冲衰减法渗透率测试报告见表 7.3。

表 7.3 页岩脉冲衰减法渗透率测试报告

井号/地点：_____ 大气压力：_____ 实验温度：_____

样品编号	岩性	深度 m	直径 cm	长度 cm	围压 MPa	孔隙压力 MPa	渗透率 mD	备注

检测人：_____ 审核人：_____ 分析日期：_____

思考及作业题

1. 达西定律中的三个基本假设条件是什么？
2. 现场常说的空气渗透率是如何测定的？
3. 空气渗透率与克氏渗透率相比有什么异同点？
4. 如果用水或者用油测量液体渗透率，实验装置应该是什么样子，并按照何种方式测量？
5. 稳态和非稳态法渗透率测量有什么异同点？
6. 如果需要考虑在不同地层压力条件下测量渗透率，需用何种实验装置？
7. 如果不同地层压力条件下的渗透率不同，影响机制是什么？
8. 测井定量计算渗透率的可能方法有哪些，各有何优缺点？
9. 非稳态法测量渗透率容易出现的问题有哪些？

第 8 章 压汞实验测量

通过压汞实验研究石油储层岩石的孔隙结构特征和退汞效率等，可有效评估该储层的石油储量和产油能力。压汞法是测量毛细管压力的一种方法。相对隔板法、离心法等，压汞法的优点有：压汞法测量毛细管压力曲线时间最短，一般需要 2~3h 即可；研究压力范围大，目前的商用仪器最大可以施加 66000psi 的压力。压汞法的缺点：润湿特性（气—汞）与油气藏不一样（油—水或者气—水），实验操作中需要做汞的防护，压汞后岩样不能使用。

测井岩石物理测量压汞的目的主要有：
（1）获得毛细管压力曲线，计算得到孔喉分布，根据平均孔喉半径等参数对储层做分类；（2）与孔隙度、渗透率等参数配合确定储层物性下限；（3）根据最大进汞饱和度近似得到束缚水饱和度（只能近似）；（4）其他未列出的应用；等等。

8.1 基本定义

压汞法，又称汞孔隙率法，是测定部分中孔和大孔孔径分布的方法。

8.2 实验目的

开展压汞实验测量的目的有：
（1）加深了解孔隙结构概念及研究的意义；
（2）掌握压汞实验测量的原理和方法。

8.3 实验原理

压汞仪工作原理：通过加压使汞进入固体中，进入固体孔中的孔体积增量所需的能量等于外力所做的功，即等于处于相同热力学条件下的汞—固界面下的表面自由能。之所以选择水银作为试验液体，是根据固体界面行为的研究结论，当接触角大于 90°时，固体不会被液体润湿。同时研究得知，水银的接触角是 117°，故除非提供外加压力，否则岩石不会被水银润湿发生毛细管渗透现象。因此要把水银压入毛细孔，必须对水银施加一定的压力克服毛细孔的阻力。通过试验得到的一系列压力 p 和相对应的水银浸入体积 V，提供了孔尺寸分布计算的基本数据，采用圆柱孔模型，根据压力与电容的变化关系计算孔体积及比表面积，依据华西堡方程计算孔径分布。压汞试验得到的比较直接的结果是不同孔径范围所对应的孔隙量，进一步计算得到总孔隙率、临界孔径（临界孔径对应于汞体积屈服的末端点压力。其理论基础为材料由不同尺寸的孔隙组成，较大的孔隙之间由较小的孔隙连通，临界孔是能将较大的孔隙连通起来的各孔的最大孔级。根据临界孔径的概念，该表征参数可反映孔隙的连通性和渗透路径的曲折性）、平均孔径、最可几孔径（即出现概率最大的孔径）及孔结构参数等。

核心公式(Washburn 公式)：

$$p_c = \frac{2\sigma\cos\theta}{r} \tag{8.1}$$

式中　p_c——毛细管压力，MPa；
　　　σ——表面张力，N/m；
　　　θ——接触角，(°)；
　　　r——孔径，mm。

由上所述，压汞法的基本原理：将非湿相流体——水银注入到被抽真空的岩心内需要克服岩石孔隙的毛细管阻力，因此注入水银的每一点压力就代表一个相应的孔隙大小下的毛细管压力，在这个压力下进入孔隙系统的水银量代表这个相应大小的孔喉在系统中所连通的孔隙体积。因此，在每个压力点待岩样中达到平衡时，同时记录注入压力 p_c 和水银注入量 V_{Hg}，绘制若干压力点下的压力和水银饱和度曲线，即得到压汞法的岩石毛细管压力曲线。

8.4　样品制备

（1）测试样品为块状样品即可；
（2）需保证实验用的样品孔隙体积大于 1/3 的膨胀计体积且小于 2/3 的膨胀计体积；
（3）样品应预先洗油、洗盐后测得孔隙度、密度等基础数据。

8.5　实验器材

图 8.1 即为压汞法测量毛细管压力装置的示意图。通常，装置由 5 个部分组成：水银计量泵、盛放岩样的容器——岩心杯（可以观察水银液面）、真空泵及水银压力计、高压气瓶、压力表。其中，水银计量泵用于计量压入岩样的水银体积；岩心杯用于盛放岩样；真空泵用于对岩心杯中的岩样抽真空；高压气瓶用于施加压力；压力表用于计量压力。

目前，市场上已经有十分成熟的压汞实验测量仪器。目前常用的有美国麦克公司生产的 Micromeritics AutoPore Ⅳ 9500 等型号的压汞仪。

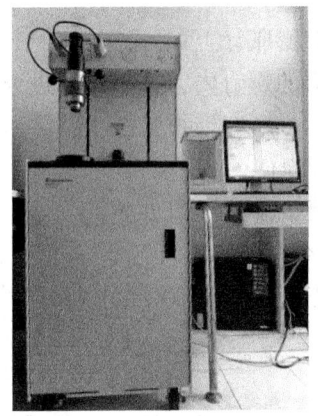

图 8.1 Micromeritics AutoPore IV 9500 压汞仪

8.6 实验步骤

下面以 Micromeritics AutoPore IV 9500 压汞仪为例说明实验步骤。
(1) 选择膨胀计;
(2) 准备样品,对样品进行烘干以及抽真空处理;
(3) 加载样品。
① 在记录单上输入样品文件名称和样品名称;
② 用分析天平称量样品质量,并填写在记录单上;
③ 膨胀计毛细管朝下,用手握住膨胀计,将样品慢慢倒入膨胀头部,当加粉末样品时,可以用手指堵住中心的孔,以免样品被倒入孔中,造成堵塞。
(4) 密封膨胀计(图 8.2)。

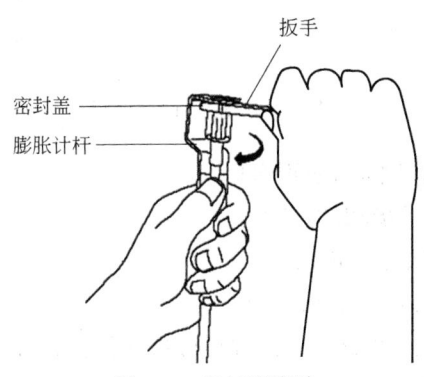

图 8.2 密封膨胀计

① 将密封脂抹在头部密封面的外沿上;
② 将密封脂均匀涂在头部密封玻璃面上;
③ 将密封表面的内沿和外沿多余的密封脂去除;
④ 向上拿住膨胀计,把密封盖对准盖在密封面上并压紧,把卡套套进膨胀计杆内,

把盖和卡套拧在一起；

⑤ 把膨胀计密封工具安装在膨胀计上；

⑥ 把扳手柄卡在密封盖头部的螺钉内，扳手则卡进卡套的孔内；

⑦ 一边握住膨胀计的扳手柄，顺时针拧紧扳手，将密封卡套拧紧。

（5）称量装载样品的膨胀计组件。

① 用分析天平称量装了样品的膨胀计组件质量；

② 在记录纸上填写样品和膨胀计质量；

③ 减去样品质量，在记录纸上填写膨胀计的质量。

（6）低压分析。

① 在低压站安装膨胀计。

② 编辑样品相关文件（建立分析文件、输入样品质量、编辑膨胀计参数文件、编辑分析条件文件）。

a. 在菜单中选择 Unit，Low pressure analysis 低压分析，出现如图 8.3 所示低压分析对话窗口。

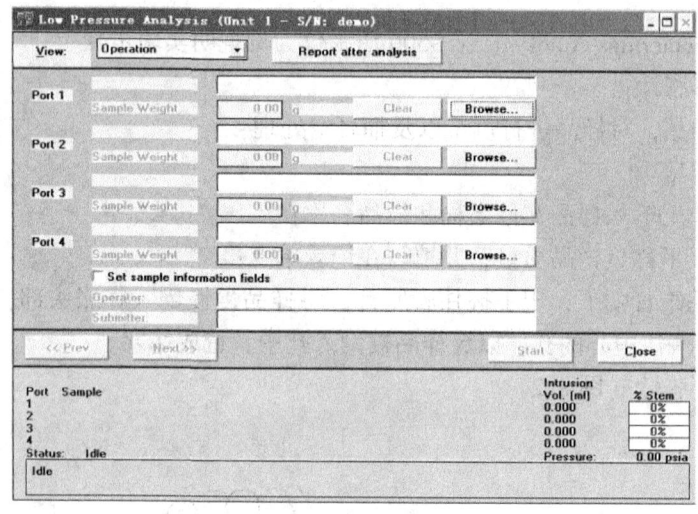

图 8.3　低压分析对话窗口

b. 点击 View，可以选择不同的分析窗口：

Operation，进行低压分析步骤的选项；

Instrument log，仪器逻辑显示窗口；

Instrument schematic，仪器分析示意图。

c. 点击 Browse，在低压站的第一个口选择分析文件，在没有分析文件状态下，可以选择待分析文件，可以修改样品质量。

d. 分别对低压的二号、三号和四号站，选择待分析的样品文件。

e. 在栏目 Set sample information fields 内输入操作者 Operator。

f. 点击 Report after analysis 选择报告选项，在分析结束后自动产生报告（图 8.4）。

g. 如果想选择膨胀计参数，点击 Next；如果想立即开始分析，就点击 Start。

h. 如果仪器是 9500 或 9505，则压力表不能大于 33000psi。

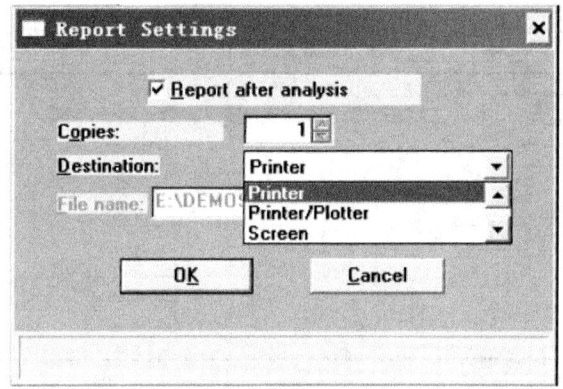

图 8.4 选择报告选项

i. 当点击 Next，出现如图 8.5 所示窗口。

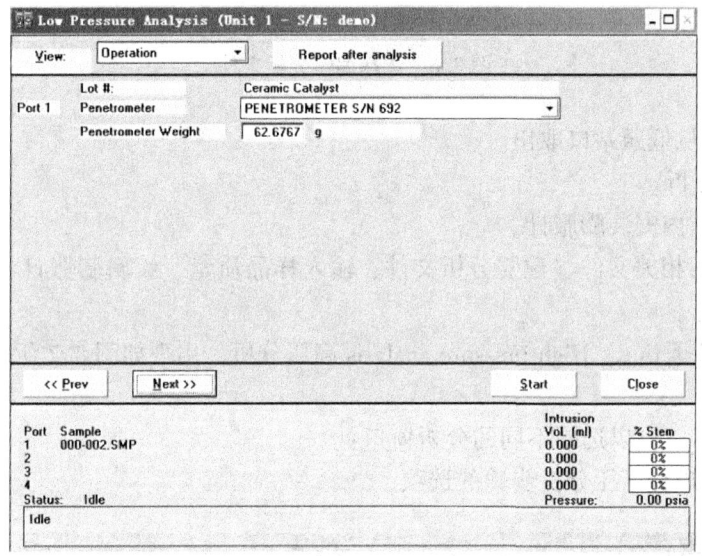

图 8.5 选择膨胀计参数

j. 在 Penetrometer 栏目内选择使用的膨胀计文件，Penetrometer Weight 栏目内修改膨胀计重量。

k. 如果想选择编辑分析文件，点击 Next，如果想立即开始分析，就点击 Start。

l. 当点击 Next，出现如图 8.6 所示窗口。

m. 分析条件文件包括以下选项：点击 Sample，在样品标示栏中下，选择样品标示，输入分析条件中想用的文件；点击 Parameter，在样品标示栏中下，选择输入分析条件中想要的文件；点击 Other，在样品标示栏中下，选择输入分析条件中想用的文件。

n. 点击 Pressure，选择，输入，编辑分析条件中想使用的压力表。

o. 点击 Mercury，输入汞的参数。

p. 点击 Start，系统开始分析。

q. 分析结束后，点击 Close 结束。

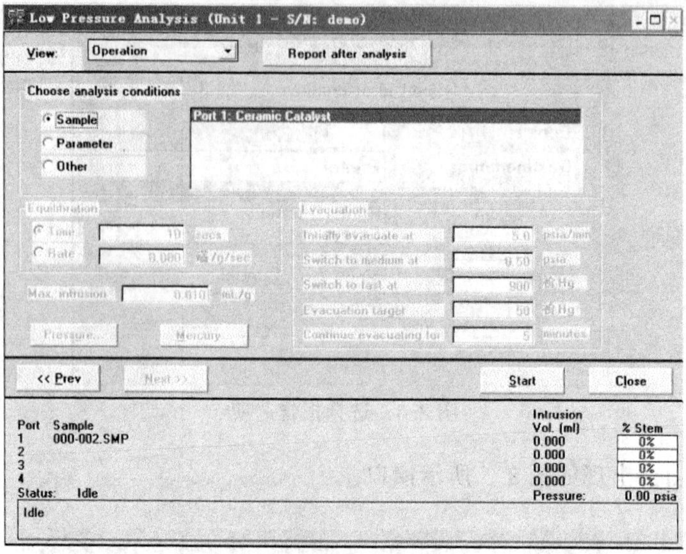

图 8.6 选择编辑分析条件

r. 把膨胀计从低压站口取出。

(7) 高压分析。

① 在高压站内安装膨胀计。

② 编辑样品相关文件（建立分析文件、输入样品质量、编辑膨胀计参数文件、编辑分析条件文件）：

a. 菜单中选择 Unit，High pressure analysis 高压分析，出现如图 8.7 所示高压分析对话窗口。

b. 点击 View，可以选择不同的分析窗口：

Operation，进行高压分析步骤的选项；

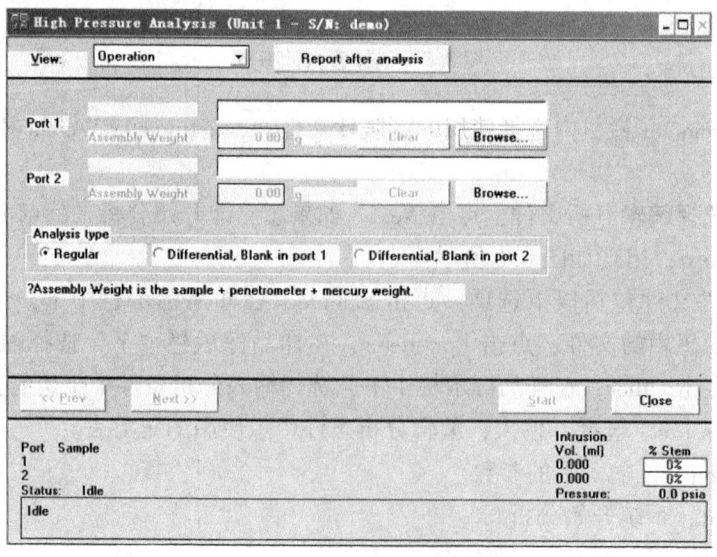

图 8.7 高压分析对话窗口

Instrument log，仪器逻辑显示窗口；

Instrument schematic，仪器分析示意图。

c. 点击 Browse，在高压站的第一个口选择分析文件，选择低压分析结束的待分析文件，输入膨胀计组件质量。

d. 分别对高压站的二号、三号和四号站，选择待分析的样品文件。

e. 点击 Report after analysis 选择报告选项，在分析结束后自动产生报告，见图 8.8。

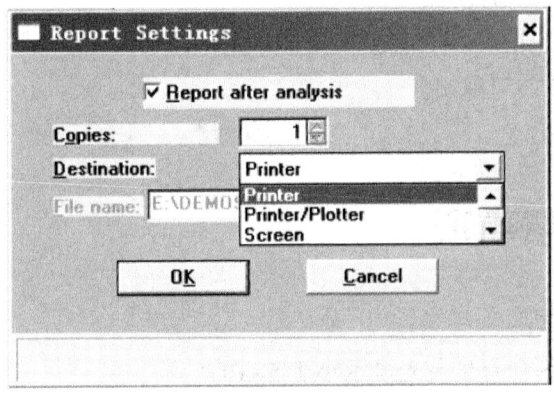

图 8.8　选择报告选项

f. 可以选择以下分析方式：

点击 Regular，进行标准分析；

点击 Differential，Blank in port1 进行差压分析，并将空管放到一号高压口；

点击 Differential，Blank in port2 进行差压分析，并将空管放到二号高压口。

g. 如果想选择编辑分析条件文件，点击 Next；如果想立即开始分析，就点击 Start。

h. 当点击 Next，出现如图 8.9 所示窗口。

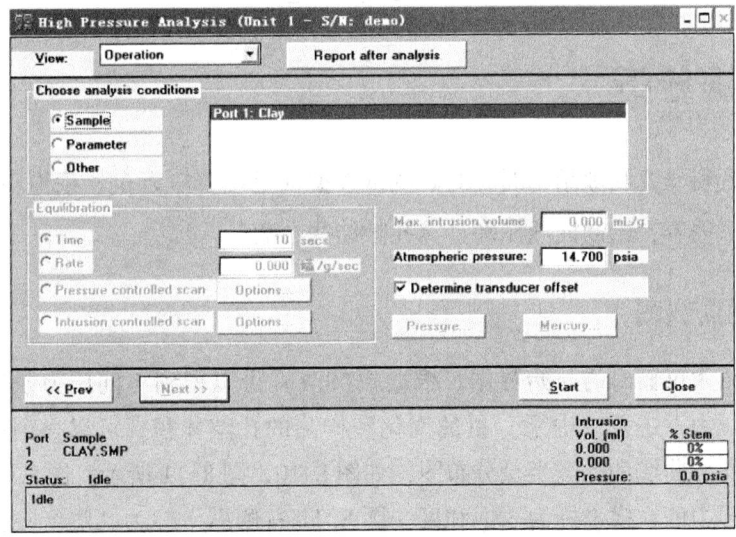

图 8.9　选择编辑分析条件

i. 分析条件文件包括以下选项：

点击 Sample，在样品标示栏中下，选择样品标示，输入分析条件中想用的文件，点击 Parameter，在样品标示栏中下，选择输入分析条件中想用的文件；

点击 Other，在样品标示栏中下，选择输入分析条件中想用的文件。

j. 点击 Pressure，选择，输入，编辑分析条件中想使用的压力表。

k. 点击 Mercury，输入汞的参数。

l. 点击 Start，系统开始分析。

m. 分析结束后，点击 Close 结束。

n. 把膨胀计从高压站口取出。

（8）实验测量结束。

8.7　实验注意事项

（1）岩心清洗要求：

① 洗油：抽提溶剂含有量荧光显示小于 $5×10^{-6}$。

② 洗盐：甲醇中 TDS（总溶解固体）小于 $10×10^{-6}$。

（2）岩心烘干：105℃烘干时间不小于 24h。

（3）岩心尺寸测定：圆柱形岩心直径长度在不同位置和方向测定不少于 10 个点，取平均值。

（4）颗粒体积测定：用氦气法，平衡时间不小于 30s。

（5）抽真空：真空度达到 500μm 时，继续抽真空不小于 1h。

（6）压力点设定：进退汞实验点分别大于 15 个，低压段适当密集，保证准确读取排驱压力。

（7）进退汞平衡时间不小于 30s，保证汞充分饱和。

8.8　数据分析

应用压汞资料研究孔隙结构时，对其测试数据（毛细管压力 p_c、汞饱和度 S_{Hg}）的整理工作包括两项内容：绘制曲线图和计算孔隙结构参数。

8.8.1　绘制曲线图

表 8.1 为压汞仪输出的原始数据。根据式(8.1)可以得到不同压力条件下的孔隙半径。根据不同压力下进汞（退汞）量的变化和样品的孔隙体积，可以得到汞饱和度，进而得到毛细管压力曲线和孔喉半径分布图，如图 8.10、图 8.11 所示。图 8.10 曲线图的纵坐标为毛细管压力值，横坐标为汞饱和度。图 8.11 右侧纵坐标为孔喉半径分布频率，横坐标为孔喉半径分布区间。

表8.1 压汞仪输出的原始数据

LP Analysis Time：	1/31/2019 9：20：59AM	Sample Weight：	18.3150g
HP Analysis Time：	1/31/2019 10：29：53AM	Correction Type：	None
Report Time：	2/1/2019 8：46：39AM	Show Neg. Int：	No
Cumulative Intrusion vs Pressure			
Intrusion for Cycle 1		Extrusion for Cycle 1	
Pressure，psi	Cumulative Intrusion，mL/g	Pressure，psi	Cumulative Intrusion，mL/g
0.523887	5.46E-32	1482.081	0.018664
2.005931	0.01572	2966.811	0.018876
3.014675	0.016461	5935.843	0.019277
4.002247	0.016747	11876.06	0.01992
5.502069	0.017149	23757.98	0.020936
6.00737	0.017215	23757.98	0.020936
7.499434	0.017384	11882.61	0.020761
8.489834	0.017454	5942.144	0.020539
10.49132	0.017575	2971.721	0.020338
12.98663	0.017679	1480.568	0.020181
15.97084	0.017753	744.1801	0.020034
19.95588	0.017835	371.9652	0.0199
24.99968	0.017922	187.2126	0.019794
29.97519	0.018005	94.43918	0.019711
44.84204	0.018058	47.90286	0.019645
91.19673	0.018115	24.60102	0.019585
184.3119	0.018216	16.53341	0.019547
369.4969	0.018341		
741.0944	0.018492		

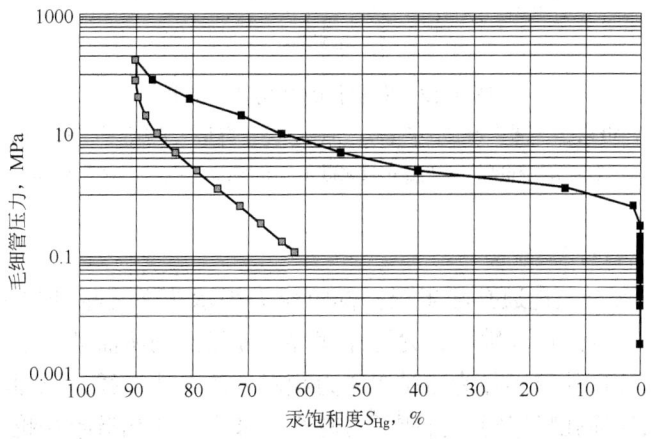

图8.10 毛细管压力曲线

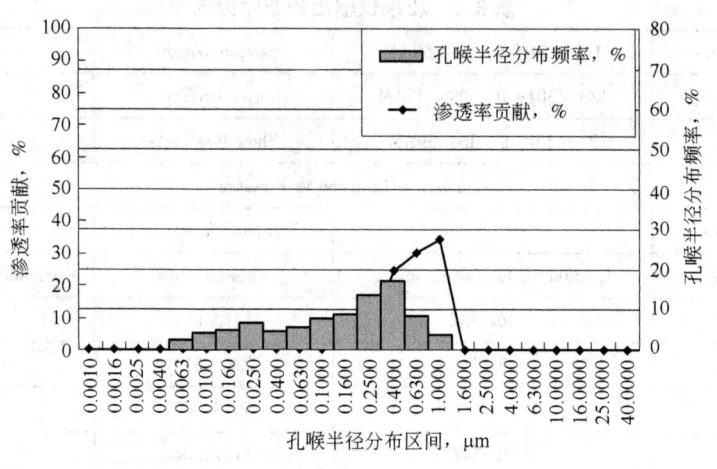

图 8.11　孔喉半径分布图

8.8.2　计算孔隙结构参数

为了定量地描述岩石孔隙结构特征和便于不同油层孔隙结构的对比分类，研究人员先后提出了多项表征孔喉大小、分布的均一性、连通状况以及综合特性的孔隙结构参数（图 8.12）。

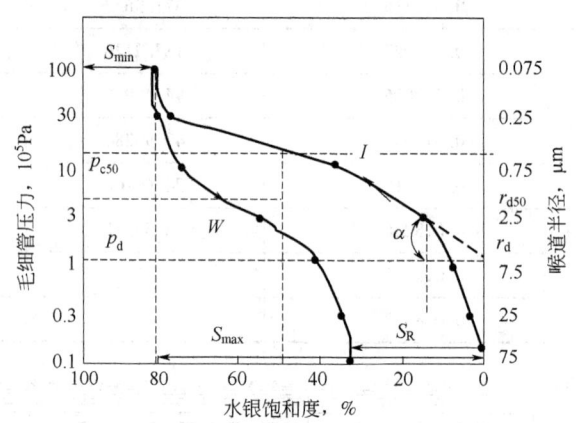

图 8.12　图解孔隙结构特征参数

p_d—排驱压力，MPa；r_d—最大连通孔喉半径，mm；p_{c50}—饱和度中值压力；r_{d50}—喉道半径中值；S_{min}—非进汞饱和度，%；S_{max}—最大进汞饱和度，%；S_R—未退汞饱和度，%

1. 表征孔喉大小的参数

（1）排驱压力及最大连通孔喉半径：排驱压力表示非润湿相开始进入岩石孔隙的起动压力，即岩石最大的连通孔隙中，允许非润湿相连续流动所需的最小压力，也称为阈压或门槛压力。最大连通孔喉半径为与排驱压力相对应的孔喉半径，也即非润湿相驱替润湿相时所经过的最大连通孔喉半径。排驱压力越小，最大连通孔喉半径越大。若分选情况良好，储层的储油物性好。

(2) 饱和度中值压力 $p_{c_{50}}$ 及喉道半径中值 r_{50}：指非润湿相饱和度为50%时所对应的毛细管压力及喉道半径。饱和度中值压力越小，喉道半径中值越大，表明大孔喉在孔隙中的比重越大，储层的储油物性越好。

(3) 孔喉半径均值 D_m：表示岩石全部孔隙平均孔喉大小的参数。

$$D_m = \frac{\sum_{i=1}^{n} r_i \Delta S_i}{\sum_{i=1}^{n} \Delta S_i} = \frac{\sum_{i=1}^{n} (r_i + r_{i-1})(S_i - S_{i-1})}{2\sum_{i=1}^{n} (S_i - S_{i-1})} \tag{8.2}$$

式中 r_i——某喉道区间喉道半径，mm；

ΔS_i——某喉道区间饱和度，%；

(4) 主要流动孔喉半径（R_z）：指累积渗透率贡献值达95%的孔喉半径平均值。

$$R_z = \frac{\sum_{i=1}^{n} r_i \Delta K_i}{\sum_{i=1}^{n} \Delta K_i} \tag{8.3}$$

2. 表征孔喉分选特征的参数

(1) 孔喉分选系数（S_p）：孔喉分选系数是表征孔喉大小分布集中程度的参数，用下式表示：

$$S_p = \sqrt{\frac{\sum_{i=1}^{n}(r_i - D_m)^2 \Delta S_i}{\sum_{i=1}^{n} \Delta S_i}} \tag{8.4}$$

它实际上是一种标准偏差，用以描述以均质为中心的散布程度。若用累积分布曲线描述，有

$$S_p = \frac{(\phi_{84} - \phi_{16})}{4} + \frac{(\phi_{95} - \phi_5)}{6.6} \tag{8.5}$$

$$\phi_i = -\log_2 d_i \tag{8.6}$$

(2) 相对分选系数（D）：分选系数与喉道半径均值之比。它是反映孔喉分布均匀程度的参数，其物理意义相当于变异系数。相对分选系数越小，孔喉分布越均匀。可用下式表示：

$$D = S_p / D_m \tag{8.7}$$

(3) 均值系数（α）：表征储层孔隙介质中每个喉道半径 r_i 与最大喉道半径 r_d 的偏离程度对汞饱和度的加权，可用下式表示：

$$\alpha = \frac{\sum_{i=1}^{n} \frac{r_i}{r_d} \cdot \Delta S_i}{\sum_{i=1}^{n} \Delta S_i} \tag{8.8}$$

(4) 歪度（S_{kp}）：表征喉道大小分布的对称性参数，可用下式表示：

$$S_{kp} = \frac{S_p^{-3} \sum_{i=1}^{n} (r_i - D_m)^3 \Delta S_i}{\sum_{i=1}^{n} \Delta S_i} \tag{8.9}$$

通常，也可使用孔隙体积累积分布曲线上的几个特征点确定，有

$$S_{kp} = \frac{\phi_{84}+\phi_{16}-2\phi_{50}}{2(\phi_{84}-\phi_{16})} + \frac{\phi_{95}-\phi_5-2\phi_{50}}{2(\phi_{95}-\phi_5)} \tag{8.10}$$

S_{kp} 表征孔隙偏于粗孔隙还是细孔隙的程度。若孔隙大小分布曲线对称，则其值为0，正值表示曲线有一个较粗孔隙的尾部，即粗歪度，负值代表细歪度。

（5）峰态（K_G）：表征孔隙大小分布曲线的陡峭程度，即量度分布曲线尾部（粗尾和细尾）的孔隙直径的展幅与中央展幅的比值，有

$$K_G = \frac{S_p^{-4} \sum_{i=1}^n (r_i-D_m)^4 \Delta S_i}{\sum_{i=1}^n \Delta S_i} \tag{8.11}$$

通常，也可使用孔隙体积累积分布曲线上的几个特征点确定，有

$$K_G = \frac{\phi_{95}-\phi_5}{2.44(\phi_{75}-\phi_{25})} \tag{8.12}$$

3. 反映孔喉连通性及控制流体运动特征的参数

（1）退汞效率（W_e）：在限定的压力范围内，从最大注入压力降到最小压力时，从岩样中退出的水银体积占降压前注入的水银总体积的百分数，可用下式表示：

$$W_e = \frac{S_{max}-S_R}{S_{max}} \times 100\% \tag{8.13}$$

（2）最小非饱和孔喉体积百分数（S_{min}）：表示压汞仪器达到最高工作压力时，未被水银侵入的孔喉体积百分数。其值越大，表示岩石小孔喉所占体积越大。必须注意，最小非饱和孔喉体积百分数并不等于束缚水饱和度，二者定义不同，仅数值上相近。一般地，最小非饱和孔喉体积百分数小于束缚水饱和度，使用上要充分注意。当然，最小非饱和孔喉体积百分数与束缚水饱和度在数值上相近，考虑实验不确定度或者储层评价所允许的偏差，一般也可以将最小非饱和孔喉体积百分数作为束缚水饱和度使用。但是，因为物理基础不同，这种"近似"关系的使用应慎重。若条件允许，应使用相对渗透率实验来确定束缚水饱和度。

（3）迂曲度（L）：反映孔喉的连通和复杂程度，即喉道的弯曲程度，可用下式表示：

$$L = C\sqrt{\frac{\phi}{K} \sum_{i=1}^n \frac{S_{wi}}{p_{ci}}} \tag{8.14}$$

$$C = \frac{\sqrt{2}}{2}\sigma\cos\theta \tag{8.15}$$

（4）视孔喉体积比（V_R）：度量孔隙体积与喉道体积配置的数值。Wardiaw 的实验发现汞的退出可视为从喉道中退出。因此，视孔喉体积比可用下式表示：

$$V_R = \frac{S_R}{S_{max}-S_R} = \frac{1}{\frac{S_{max}}{S_R}-1} \tag{8.16}$$

一般地，孔喉比越高，渗流能力越低；反之，孔喉比越低，渗流能力越高。对油气产层而言，孔喉比越高，油气采收率越低。

（5）结构均匀度（αW_e）：它是表征岩石孔隙结构的均匀、连通程度的参数，较完整地反映了注入曲线与退出曲线的特征。

（6）孔隙配位数：指每个孔道所连通的喉道数。配位数越大，说明孔隙系统越复杂，流体渗流的通道越弯曲，渗流能力越差。

图 8.13 是根据表 8.1 压汞法测量的原始数据得到的压汞法实验报告。

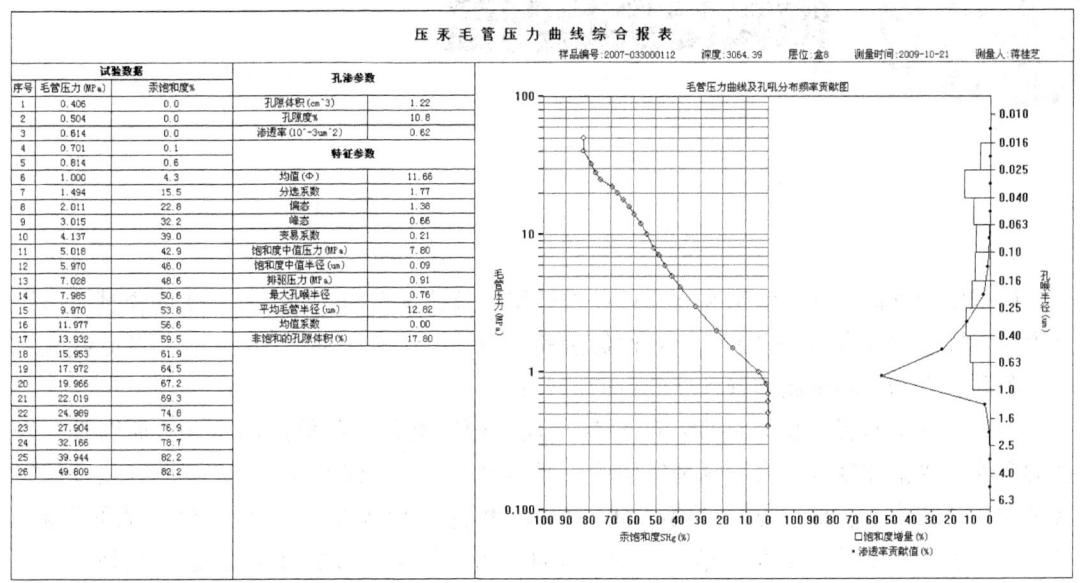

图 8.13　某岩样压汞结果实验报告（软件截图）

思考及作业题

1. 对于疏松岩心，压汞结果有何特殊性？
2. 压汞是否能够完整描述岩样特别是致密岩样的孔隙结构？
3. 请根据表 8.1 处理得到如图 8.13 所示的压汞实验报告。
4. 压汞结果是条件结果，为什么？
5. 如果用 100-最大进汞饱和度作为束缚水饱和度，应用中会有何问题？
6. 实际应用于储层分类时，常用的参数指标有哪几个，是如何使用的？
7. 压汞数据可以用于估算储层物性下限，具体方法是什么，有何优缺点？
8. 应用压汞数据可以得到相对渗透率曲线，请学习该方法。

第 9 章 饱和度实验测量

储层中的含油、气、水饱和度直接反映储层有效储集空间中油、气、水的含量，是储层含油气性的重要参数，也是估算石油储量和判断储层产液性质、水淹情况的基础参数。

测井岩石物理测量流体饱和度的目的主要有：

（1）定量表征储层的含油性；（2）从"地质刻度测井"的储层测井评价原则看，岩样的含油、水饱和度也是岩石物理实验的重要内容之一，不仅可以由其获得测井估算储层含水饱和度的模型，而且也是检验储层饱和度测井评价模型准确性比较权威的资料；（3）配合其他岩石物理实验的结果（如毛细管压力、相对渗透率曲线），也往往是正确认识油、气、水分布特征和储层产液性质的重要依据；（4）其他未列出的应用；等等。

本书的介绍以常规饱和度测量为主，同时简要介绍了库仑法测量含水饱和度的方法以及核磁共振法测量含油饱和度的方法，供有条件的教学实验室教学使用，或者用于引导学生进行探究式学习。

9.1 基本定义

饱和度是指储层中某种流体（油、气、水）所充填的孔隙体积占全部孔隙体积的百分数。

9.2 实验目的

（1）加深了解储层流体饱和度的概念及研究意义；
（2）掌握流体饱和度的测量原理和方法。

9.3 实验原理

岩心饱和度的测量包括气体饱和度和油、水饱和度的测量。岩心气体饱和度的测量方法是压汞法，一般较少开展。油、水饱和度的测定常用的方法有蒸馏抽提法、干馏法、库仑法、核磁共振法。

9.3.1 气体饱和度的测量原理

岩心气体饱和度的测量方法是压汞法。具体操作为：在一定压力下，把水银注入待测岩样孔隙中，由于压力的作用，气体会被压入小孔隙或者被迫溶于孔隙内的液体中，压入的水银体积即为气体体积，将其与孔隙体积相除即可得到气体饱和度。通常，对疏松岩样采用5.17MPa（750psi）压力测量气体饱和度，对胶结好的岩样采用6.89MPa（1000psi）压力测量气体饱和度。由于汞有毒，而且油、水饱和度测量后实际上就得到了含气饱和度，一般实验室较少测量含气饱和度。

9.3.2 油、水饱和度的测量原理

油、水饱和度测量的具体方法有蒸馏抽提法、干馏法、库仑法、核磁共振法。其中，又以蒸馏抽提法和干馏法最为常用。库仑法和核磁共振法作为扩展，供有条件的教学实验室使用。

1. 蒸馏抽提法

把称量好的岩样放在岩心室中，用沸点高于水的溶剂（常用的抽提溶剂是甲苯，其沸点高于水的沸点，因此当溶剂加热变成蒸汽时岩样中的水也蒸馏出来，而溶剂冷凝后变成纯液重新落到岩样上继续提取岩样中的油）加热蒸馏出岩样中的水分，此方法为溶剂回流法。蒸出的水分经冷凝后收集于水分捕集器中，从捕集器直接读出水的体积。与此同时，岩样中的油用溶剂抽提干净（原油溶解在抽提溶剂中），对样品烘干、称质量，最后计算出油、水饱和度。抽提溶剂应该满足以下要求：与水不溶，密度小于水，即可蒸馏出水分，又可将岩样中的原油洗净。通常对亲油样可使用溶剂汽油或四氯化碳；亲水样使用1:3酒精和苯混合溶剂；中性岩样或含沥青质原油使用甲苯即可。

计算方法为：抽提前岩样（质量为m_1）和抽提后岩样（质量为m_2）的质量差（m_2-m_1=油的质量m_o+水的质量m_w）减去水的质量（m_w为水的体积V_w乘以水的密度ρ_w），可以算出岩样中油的质量（m_o），除以原油密度（ρ_w）后可算出油的体积（V_o）。进一步，水的体积和油的体积除以孔隙体积（V_p）后即可得到含水饱和度（S_w）和含油饱和度（S_o）。

$$S_w = \frac{V_w}{V_p} = \frac{m_w/\rho_w}{V_p} \tag{9.1}$$

$$S_o = \frac{V_o}{V_p} = \frac{m_o/\rho_o}{V_p} = \frac{(m_1-m_2-m_w)/\rho_o}{V_p} \tag{9.2}$$

2. 常规干馏法

干馏仪的工作原理是，岩样装进一个不锈钢制的岩心杯内，上端用带有螺纹的密封盖密封，岩样筒装入一个绝缘的筒式电炉中加热，岩心筒下端排液口与冷凝器密封连接，岩样被加热后（50~650℃），干馏蒸出的油、水由排液口经冷凝管流出收集于量筒中。根据记录的油（V_o）、水体积（V_w），配合孔隙体积（V_p）测量，即可按式(9.1)、式(9.2)计算获得饱和度。

9.4 实验器材

9.4.1 油水饱和度测定仪

油水饱和度测定仪如图9.1所示。

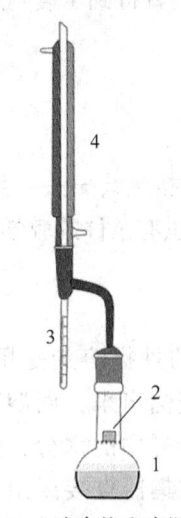

图9.1 油水饱和度测定仪
1—内注有机溶剂的长颈烧瓶；
2—放置岩心的过滤多孔漏斗；
3—冷凝管；4—水捕集器

油水饱和度测定仪由烧瓶1（用于盛放抽提溶剂）、水捕集器4（用于收集冷凝后的水分，附有精度为0.02mL刻度）、冷凝器3（通过使用循环水来冷凝水分）以及过滤多孔漏斗2（用于支撑岩样并允许洗油溶剂返回烧瓶）构成。过滤漏斗放在烧瓶的颈部，漏斗顶端有两个小孔，用以系上铜丝便于放入或取出岩样。仪器底部有电炉，用以加热使溶剂蒸发。溶剂则注于烧瓶内。

除此之外，需要万分之一的分析天平一台以及约500cm³的溶剂。

9.4.2 岩心饱和度干馏仪

岩心饱和度干馏仪（如图9.2所示），仪器主要由恒温箱（用于加热）、加热元件（用于给岩心加热）、岩心杯（盛放待测岩心）、冷凝管（用于冷凝油和水）等组成。岩心杯放置岩心，岩心杯下端的排液口与冷凝器座靠重力密封连接（接触密封）。冷凝器内有循环水流动。岩样加热后，油水从岩心杯下部排液口流出，经冷凝中心的冷凝管流入下边的量筒内。

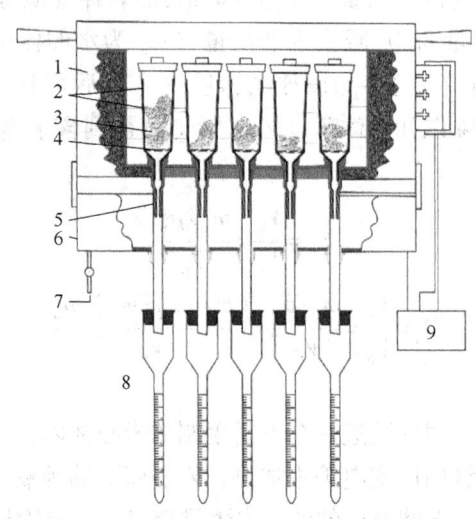

图9.2 岩心饱和度干馏仪
1—恒温箱；2—加热元件；3—岩心杯；4—隔板；5—冷凝管；
6—水浴；7—冷却水进口；8—集液管；9—温度控制箱

另需万分之一天平一台，10mL 量筒一支。

9.5 实验步骤

9.5.1 蒸馏抽提法实验步骤

（1）校准。

实验时应检查水测量的准确程度，以确保测定结果的偏差很小。

① 质量法：把一定量的水加入抽提仪，然后再与蒸馏油砂岩样相同的条件下进行蒸馏得到的水量作图。由于仪器的冷凝效率不同，水体积的校准系数可能会不同。具有代表性的值如下：

$$校正的水质量=(水的质量 \times a)+b$$

式中，a、b 为校准方程的斜率和截距。

② 体积法：校正时选用误差最小的吸管，吸管的精度可以达到 0.005mL。从刻度 0.5mL 开始，中间每隔 0.5mL 校正一次，直到 5mL 为止。根据做饱和度样品的大小，一般蒸出的水量在 0.8~2.5mL。

（2）在抽洗岩心前，接通电源，打开循环水，先将溶剂预蒸馏，以确认溶剂中不含水分。注意：甲苯溶剂具有刺激味和毒性，极为可燃，所以整个蒸馏操作要在通风柜中进行，更换溶剂、取出岩样时要戴防毒口罩。

（3）擦掉岩心表面多余的流体，称岩心杯和岩样的质量，精确到 0.01g；关闭电源，将称量后的岩样迅速放入抽提器的岩心杯中，此过程应该快速完成以降低流体蒸发的程度。

（4）组装好仪器，保证各部件密封；再接通电源，调节温度，加热烧瓶直到水分捕集器水量不再增加为止。要求蒸馏过程中液体回滴速度为 3~4 滴/s，严防溶剂从冷凝管上端冲出。

（5）每小时读数一次，连续 3 次，读数的变化不超过 0.1mL 即可。疏松砂岩需要 2~3h，胶结好的岩心需 6~8h，或更长的时间；根据岩样的大小与渗透率的高低，来决定蒸馏抽提时间的长短。注意：由于海拔高度不同或溶解了盐会使溶剂的沸点发生改变，因此应对溶剂的沸点进行核实，确保足够高的温度使水能够蒸馏出来。当使用 KCl 钻井液时，其滤出液的含盐量可达 300000mg/L，因此沸腾需要比清水更高的温度。在这种情况下，可使用邻二甲苯来代替甲苯。

（6）当冷凝器和接收管壁挂水珠时，先将金属丝或鸭毛在干净的蒸馏溶剂中充分浸湿数次后，然后在管壁反复搅拌，使水完全流到管底。取出时应确保金属丝或鸭毛上不带水。当收集的水量达到稳定，水与甲苯分界清楚后记录水量，精确到 0.1mL。

（7）清洗岩心中的油，必须保证所用的溶剂能把所有的油都从整个柱塞岩样中抽提出来。当涉及重油（高密度、高沥青质）时，需要用另一种溶剂来彻底清洗岩样。为了提高抽提的速度和工作效率，可以将样品用下列方法的一种进行抽提：

① 把岩样放在有蒸汽的装置中，对油进行彻底地清洗；

②把岩样放入装有甲苯—CO_2的压力岩心清洗器里，对油进行彻底地清洗，这种做法局限于一定渗透率范围的低渗透样品，而且这些样品在清洗过程中本身不会发生变化；

③把岩样放在索氏抽提器中，交替进行浸泡和排驱过程，清洗油；

④把岩心放在流动洗油装置中，进行流动洗油；

⑤交替使用两种类型溶剂（如甲苯和甲醇）进行抽提。

(8) 烘干岩样后称其质量：

①放进烘箱之前，要将多余的液体蒸发掉，否则饱和了过多可燃溶剂的岩样容易着火和爆炸；

②在烘干过程中，不可向烘箱增加水蒸气（然而在测定孔隙度和渗透率时，对含有大量蒙脱石或其他黏土的样品，需要在带湿度的烘箱中烘干，以保持油藏条件下的水化状态）；

③等烘箱温度降到80℃以下才可取出样品，称其质量，要求样品必须烘干到恒重为止，三次称重的波动小于0.01g，以最后一次为准。

(9) 将数据填入表9.1中，根据公式就可以计算出油、水体积，求出含油、水饱和度。

表9.1 测定岩石油、水饱和度实验记录表

岩样编号	岩样孔隙度 %	干岩石密度 g/cm^3	原油密度 g/cm^3	水密度 g/cm^3	饱和油、水岩样质量 m_1, g	干岩样质量 m_2, g	水捕集器中的读数 V_w, cm^3	饱和度,%	
								S_o（油）	S_w（水）
X-1	12.56	2.63	0.82	1.00	54.56	53.22	1.00	16.31	39.35

9.5.2 常规干馏法实验步骤

1. 岩样视密度与气体含量的测试步骤

(1) 称量25~40g新鲜岩样一块放入已校验好的水银泵岩心室中，关上岩心室盖，常温常压下进泵，待泵室小孔中再次出现水银珠时，读数即为岩样的总体积V_1，填入表9.2。计量精度为0.01mL，用岩样质量除以岩样总体积得到岩石视密度。

(2) 关闭岩心室盖上的针形阀，进泵加压将水银压入岩样，待平衡后进入岩样的水银量即为岩样的含气体积。用此含气体积除以岩样的孔隙体积就可得到岩样的含气饱和度。应根据岩样胶结情况加压，胶结好的岩样加压到6.895MPa（1000psi）左右，对疏松岩样应适当减小压力，范围在5.171~6.895MPa（750~1000psi）之内。

2. 干馏岩样测量油、水体积

(1) 取新鲜岩样，粉碎成大约6.4mm（1/4in）大小的块状。然后用孔径6.4mm（0.25in）（大约3~4目）的泰勒筛进行过筛，除去在粉碎过程中产生的细小颗粒；由于粉碎的岩心表面积大，特别是水容易蒸发，造成流体损失。所以应该缩短粉碎岩心的暴露时间。

（2）称量100~175g的粉碎岩心，精确到0.01g，然后倒进岩心干馏杯中。拧紧样品杯盖并与其他准备好的干馏杯一起放到恒温箱里。

（3）用胶塞连接量筒与冷凝管下部出口，以免加热过程造成油的挥发，造成计量误差。同时打开循环水和加热电源。

（4）恒温箱的初始温度保持在177℃（350℉）（Hensel，1982），直到所有的岩样都不出水为止，记录干馏出来的水体积。把恒温箱的初始温度选择为177℃（350℉）是为了除掉孔隙间的水、被吸附的水、层间黏土水（例如蒙脱石）以及水化的水（例如硫酸钙），但是不包括氢氧基黏土水。而且这种方法不适用于含有石膏，或含有大量蒙脱石的岩样。

（5）把冷却槽中的水倒掉，以防加热的原油中途过冷不能进入集液管。然后把温度升到538~649℃（1000~1200℉）蒸馏岩样中的油。观察集液管，当所有的岩样不再释放出流体时，可以认为测定结束。干馏时间通常在20~45min。记录所产生的油水体积。

（6）关闭电炉电源，清洗岩心杯，烘干后进行下一批岩样测试。

测定岩石油、气、水饱和度的实验记录见表9.2。

9.6 实验注意事项

在使用蒸馏抽提法时，需注意以下操作：

（1）在各接头处应使用凡士林涂抹保证密封，实验前应使用已知量的蒸馏水检查装置的密封性，偏差在±2%方可使用；

（2）对溶剂做蒸馏除水，避免对测试时蒸出水量有影响；

（3）烘干时温度不宜超过105℃，以免某些黏土的结晶水被烘出；

（4）称重时要确保出水量、干岩样质量恒定，质量测量误差不超过0.001g；

（5）油水饱和度之和若超过100%，应查明原因。

9.7 数据分析

9.7.1 蒸馏抽提法数据处理

水在岩石中所占体积 V_w 可在捕水刻度管中直接读出。油在岩石中所占体积 V_o，可用下式计算出：

$$V_o = (m_1 - m_2 - \rho_w V_w)/\rho_o \tag{9.3}$$

$$V_p = m_2 \phi / \rho \tag{9.4}$$

式中 ρ_o——原油的密度，g/cm³；

ρ_w——水的密度，g/cm³；

ρ——干岩样的密度，g/cm³；

m_1——样品的初始质量（抽提前的质量），即饱和油、水时的质量，g；

m_2——岩石中油、水都已蒸发抽提干净并烘干后的干岩样质量，g；

ϕ——孔隙度，%。

9.7.2 常规干馏法数据处理

(1) 在测定饱和度之前，首先要确定岩样的密度 ρ_a 和孔隙度 ϕ。因此必须在同一块岩样中取出一部分来测定 ρ_a 和 ϕ，以此作为所分析岩样的密度和孔隙度。

(2) 将测定的参数和计算的结果填于表 9.2 中。

表 9.2　干馏法流体饱和度分析数据表

测定参数及其单位	参数符号及计算公式	记录及计算结果	备注
干馏前岩样质量，g	W_1	21.20	测量
校正后岩样中含油体积，cm^3	V_o	0.36	测量后校正
岩样中含水体积，cm^3	V_w	0.54	测量
岩样的密度，g/cm^3	ρ_a	2.56	平行样测量
原油的密度，g/cm^3	ρ_o	0.82	取样后测量
水的密度，g/cm^3	ρ_w	1.01	取样后测量
岩样的孔隙度，%	ϕ	13.86	平行样测量
干馏后岩样质量，g	$W_2 = W_1 - (V_o\rho_o + V_w\rho_w)$	20.36	测量
岩样总体积，cm^3	$V_T = W_2/\rho_a$	7.95	计算
岩样孔隙体积，cm^3	$V_p = \phi \cdot V_T$	1.15	计算
含油饱和度，%	$S_o = V_o/V_p \cdot 100$	31.30	计算
含水饱和度，%	$S_w = V_w/V_p \cdot 100$	46.96	计算

理论上，干馏过程中，为了补偿因蒸发损失、结焦或裂解而导致石油体积的减少，应对蒸馏出的石油体积进行校正。校正曲线可通过对地区的原油做干馏实验给出。

9.8　油、水饱和度测量新方法

以下简要介绍库仑法、核磁共振法两种测量油水饱和度的新方法，供有条件的教学实验室教学使用。

9.8.1　库仑法测量含水饱和度

1. 方法原理

库仑法利用水和乙醇的无限量混溶的特点，用乙醇萃取已知质量岩样中的水分，然后使用库仑仪测定乙醇水溶液中的水分。此方法具有操作便捷、精度高、仪器简单的优点。其基本原理为仪器的电解池中的卡氏试剂与测试样品中的水发生氧化还原反应，其反应如下：

$$H_2O + I_2 + SO_2 + 3C_5H_5N \longrightarrow 2C_5H_5N \cdot HI + C_5H_5N \cdot SO_3$$
$$C_5H_5N \cdot SO_3 + CH_3OH \longrightarrow C_5H_5N \cdot HSO_4CH_3$$

在电解过程中，电极反应如下：

阳极：$2I^- - 2e \longrightarrow I_2$

阴极：$I_2 + 2e \longrightarrow 2I^-$　　$2H^+ + 2e \longrightarrow H_2$

从以上反应中可以看出，1mol 的碘氧化 1mol 的二氧化硫，需要 1mol 的水。所以是 1mol 碘与 1mol 水的等量反应，即电解碘的电量相当于电解水的电量。

2. 实验装置

图 9.3 为一款商用的 WS-6100 型微量水分测定仪。

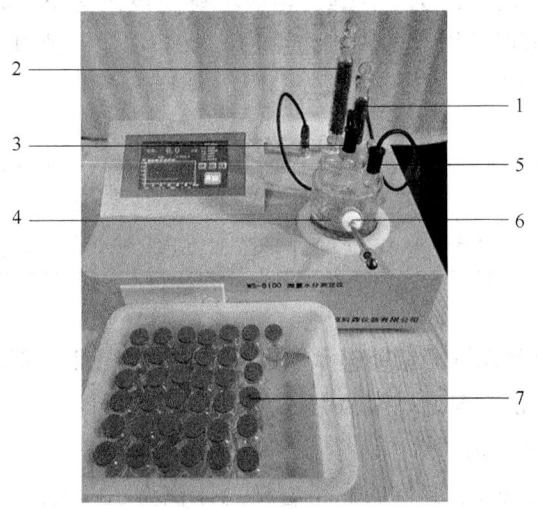

图 9.3　WS-6100 型微量水分测定仪

1—阳极室干燥管；2—阴极室干燥管；3—电解电极；4—滴定池（阳极室）；
5—测量电极；6—进样器；7—萃取液储存瓶

WS-6100 型微量水分测定仪具有检测速度快、精度高的突出优点，能可靠地对液体、气体、固体样品进行微量水分的测定。测试时，对于不溶于试剂的固体及容易污染电极和试剂反应的物质，可配用相应的固体、气体、液体进样器进行间接测定，是一种高效率、全自动的分析仪器。

3. 实验步骤

（1）以 0.2mL 的级差将蒸馏水加入到 20mL 无水乙醇中，配置一系列标准溶液，并使用库仑仪进行水分分析，制作电荷量—水体积的图版（图 9.4）；

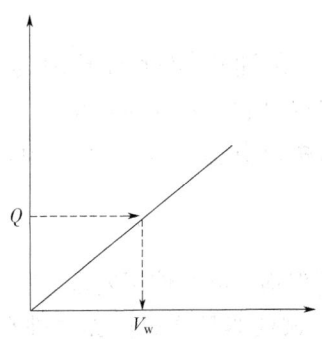

图 9.4　WS-6100 型微量水分测定仪电荷量—水体积图版

(2) 将整块岩心或碎样加入到 20mL 的无水乙醇中,用库仑仪测定其电荷量 Q,并通过图 9.4 确定含水体积 V_w;

(3) 测量样品的孔隙体积 V_p;

(4) 计算含水饱和度 $S_w = V_w / V_p$。

4. 不确定度

为了评价该仪器测量含水质量的 A 类不确定度,对 100μg 水做了 10 次重复测量,测量结果见表 9.3,可见该仪器测量 A 类不确定度约为 0.18μg。若每次测量 3 次取平均值,则由不均匀性引入的不确定度为 0.1μg,相对不确定度约为 0.1%。仪器的示值误差为 ±0.002μL,则设备示值误差引入的不确定度为 0.0012μL,B 类相对不确定度为 0.32%,合成相对不确定度为 0.63%。

表 9.3 100μg 水的重复测量结果

序号	1	2	3	4	5	6	7	8	9	10	平均值	标准差
质量,μg	98.7	98.5	98.6	98.8	98.5	98.4	98.2	98.3	98.5	98.4	98.49	0.18

5. 质量控制

库仑法实施的关键是保证酒精能够萃取出所有水分。通常,萃取程度取决于酒精浸泡时间。因此,方法实施前需要通过实验确定酒精的萃取时间。

6. 数据处理及测量实例

某样品孔隙度为 7.36%,封蜡法测量岩样总体积为 20.43cm³,按照图 9.4 计算含水质量为 0.4376g,则含水体积为 0.4376cm³,计算含水饱和度为 29.10%。表 9.4 为一组岩样库仑法含水饱和度实验测量的原始记录及测量结果。

表 9.4 库仑法含水饱和度实验测量的原始记录及测量结果

岩样编号	岩样孔隙度 ϕ,%	封蜡法测量岩样总体积 V_1,cm³	萃取液总体积 V_2,cm³	注入待测液体积 V_3,μL	微量水分测定仪的示数 m_1,μg	岩心含水质量 m_w,cm³	岩心含水体积 V_w,cm³	含水饱和度 S_w,%
X	7.36	20.43	20.00	5.00	109.40	0.4376	0.4376	29.10

9.8.2 核磁共振法测量含油饱和度

1. 方法原理

核磁共振法测量密闭取心含油饱和度的原理为:利用顺磁质溶液(一般用 $MnCl_2$)溶于水而不溶于油并且掺着顺磁质的水信号衰减快、油的信号不变的特点,测量水信号消除前、消除后的核磁共振结果得到孔隙度、含油孔隙度,最终计算得到含油饱和度。

2. 实验装置

一般商用岩心核磁共振分析仪均可满足使用要求。图 9.5 为 MicroMR02-1in 测井频率(2MHz)核磁共振岩心分析仪。该仪器是具有世界先进水平的台式核磁共振分析仪,其身躯小巧,结构紧凑,主要用于岩心、岩屑、土壤等样品的测试。它可以满足样品孔隙度、孔径分布、含油饱和度和含水饱和度的测试及渗透率评价分析，探头最大口径为40mm，能满足对松散样品及1in岩心的分析测试。

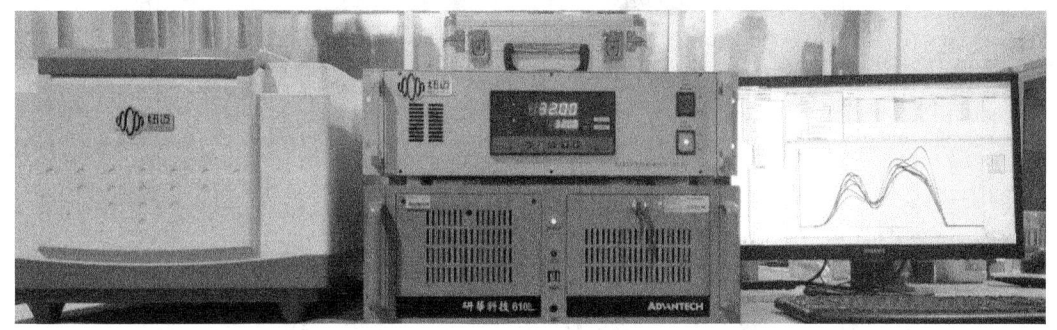

图9.5 MicroMR02-1in测井频率核磁共振岩心分析仪

该仪器的主要技术参数如下：磁场强度为（0.28±0.05）T；磁场均匀度≤300ppm（ϕ40mm球体）；磁场稳定性<300Hz/h；有效样品检测体积：ϕ40mm×H30mm（标配）；CPMG最多回波个数为18000，最小回波间隔小于200μs（标配探头线圈）。

3. 实验步骤

（1）将岩样饱和水，保证岩样油水饱和度为100%，测量核磁共振T_2谱，得到孔隙度ϕ/面积S_1；

（2）将样品放置在$MnCl_2$溶液中浸泡一段时间，采集泡锰状态的T_2谱，得到面积S_2；

（3）通过面积比S_2/S_1测量得到含油饱和度。

4. 不确定度

为了评价该仪器测量含水质量的A类不确定度，对同一块样品进行了10次核磁共振法含油饱和度测量（表9.5）。可见该仪器测量A类不确定度约为0.52%，相对不确定度约为0.88%。电子天平的示值误差为±0.5mg，按其均匀分布考虑B类相对不确定度为0.029%，合成相对不确定度为0.88%。

表9.5 核磁共振法含油饱和度重复测量结果

序号	1	2	3	4	5	6	7	8	9	10	平均值,%	标准差,%
含油饱和度,%	59.5	58.9	59.6	58.8	59.2	59.4	59.6	58.4	60.1	59.9	59.3	0.52

5. 质量控制

核磁共振法测量含油饱和度的关键是要保证水的核磁共振信号的消除，也就是保证$MnCl_2$溶液的效果最大化。通常，水的核磁共振信号的消除效果取决于$MnCl_2$溶液的浸泡时间。因此，方法实施前需要通过实验确定$MnCl_2$溶液的浸泡时间。

6. 数据处理及测量实例

某样品$MnCl_2$溶液浸泡前T_2谱面积S_1为19011.032，某样品$MnCl_2$溶液浸泡后T_2谱面积S_2为7341.876，计算含油饱和度为38.62%（图9.6）。

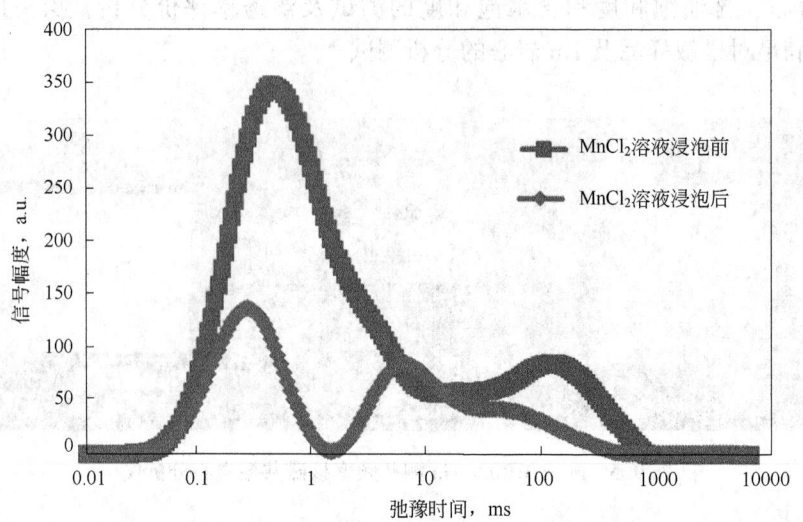

图 9.6 某样品 $MnCl_2$ 溶液浸泡前、浸泡后核磁共振 T_2 谱

思考及作业题

1. 蒸馏抽提法使用溶剂时的注意事项有哪些？
2. 蒸馏抽提法确定含水饱和度时，黏土中的结晶水和吸附水会对实验结果造成什么影响，影响的规律如何？
3. 干馏法测量含油、水饱和度的缺点是什么？
4. 库仑法测量含水饱和度时，若萃取效果不理想，会导致实验测量含水饱和度偏大还是偏小？
5. 核磁共振法测量含油饱和度时，如果水信号消除不理想，会对实验结果造成什么影响？
6. 如果想提高含水饱和度实验测量效率（测得准、周期短）有什么更好的新方法？
7. 饱和度可以用于估算储层物性下限，具体方法是什么？有何优缺点？
8. 实验室分析饱和度在测井评价中的应用有哪些？

第10章 声速实验测量

在岩石的物理性质中，声学性质是比较重要的一个。作为重要的测井方法，声速和幅度能够反映储层岩性（骨架矿物、粒度组成）、孔隙性（孔隙度、孔隙结构）、孔隙中流体类型和分布等信息，刻度后能够在储层评价中发挥作用。更为重要的是，作为弹性学参数，它能够评价地层和井筒的弹性力学性质，因此在井壁稳定性（地层破裂压力、出砂）、水泥胶结质量等评价中具有其他测井方法无法比拟的优势和特色。

测井岩石物理测量声速的目的主要有：

（1）定量表征储层的纵波、横波速度，甚至可以获得声速各向异性的定量表征；（2）结合孔隙度、矿物含量分析确定骨架、泥质和流体（油、气、水）的声速；（3）与密度等参数结合估算动态力学参数，以用于井壁稳定性等评价；（4）与静态岩石力学参数联合建立动静力学参数转换关系等；（5）其他未列出的应用；等等。本书的介绍以常规声速测量为主，同时简要介绍了流体声速测量和声速各向异性测量，供有条件的教学实验室教学使用，或者用于引导学生进行探究式学习。

10.1 基本定义

声波在介质中传播一段距离需要一定时间，传播距离 Δx 与所用时间 Δt 的比值即为介质的声波速度。根据质点的振动方向与波的传播方向的关系可以将岩石中传播的声波分为纵波和横波。

质点的振动方向与波的传播方向一致的机械波称为纵波（P 波），也称为压缩波（图 10.1）。其速度用 v_P 表示：

$$v_P = \sqrt{\frac{E(1-\nu)}{\rho(1+\nu)(1-2\nu)}} \tag{10.1}$$

式中　E——杨氏模量，N/m^2；

　　　ρ——密度，g/cm^3；

　　　ν——泊松比，无量纲数。

质点的振动方向与波的传播方向垂直的机械波称为横波（S 波），也称为剪切波（图 10.2）。其速度用 v_S 表示：

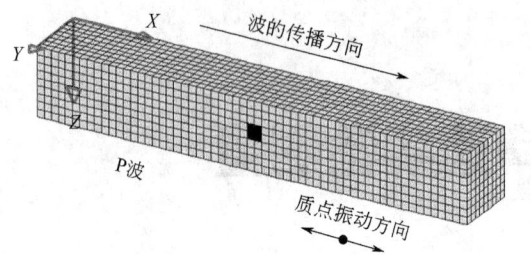

图 10.1　纵波（压缩波）的质点振动方向和波的传播方向

$$v_S = \sqrt{\frac{E}{2\rho(1+\nu)}} = \sqrt{\frac{\mu}{\rho}} \tag{10.2}$$

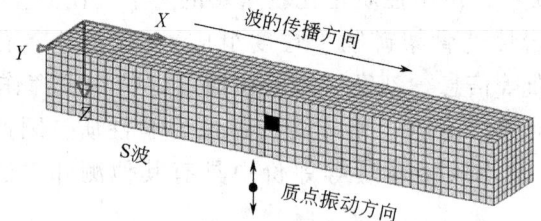

图 10.2　横波（剪切波）的质点振动方向和波的传播方向

由式(10.1) 和式(10.2)，可以得到纵横波的速度比，有

$$\frac{v_P}{v_S} = \sqrt{\frac{2(1-\nu)}{1-2\nu}} \tag{10.3}$$

可见，纵横波速度比与泊松比有正相关关系。对于绷带、海绵等物体，有泊松比为 0，纵横波速度比为 $\sqrt{2}$，数值为 1.412（请注意，纵横波速度比不可以小于 1.412）。对于流体，有泊松比为 0.5，纵横波速度比无穷大。对大多数岩石，泊松比一般在 0.25 左右，当取为 0.25 时，有纵横波速度比为 1.732。

图 10.3 列出了大多数岩石的纵横波速度比与泊松比的分布范围，可以作为应用纵横波速度比和泊松比识别岩性和气层的依据。

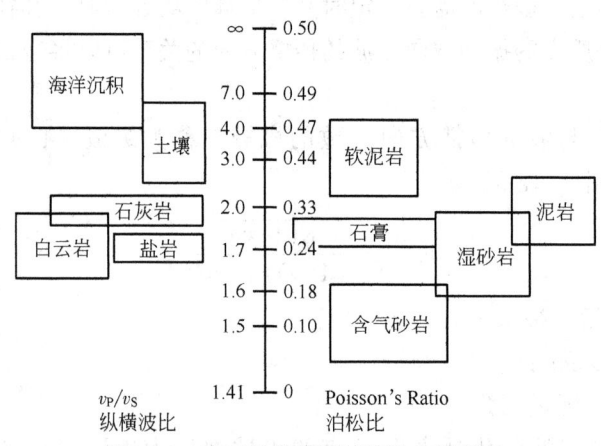

图 10.3　岩石的纵横波速度比和泊松比

10.2 实验目的

(1) 加深了解岩石声学特性；
(2) 掌握岩石声学特征测量原理和方法；
(3) 了解有关岩石的声学实验研究的结果及工程应用。

10.3 实验原理

声速及声衰减常用的实验观测方法为脉冲透射法，此外还有其他方法（表10.1）。其原理如图10.4所示。基本的过程是：由信号源发射电脉冲激励发射探头的压电陶瓷晶片，利用逆压电效应，将电信号转变为声压进入岩石，经过岩石传播后，接收探头接收到声压后利用压电效应转变为电信号被记录。通过记录声波在岩石中的传播时间 Δt，结合岩样的长度 L（传播距离），用下式计算岩石的声波速度：

$$v = \Delta x / \Delta t \tag{10.4}$$

式中　v——声速，m/s；

Δx——传播距离，m；

Δt——传播 Δx 距离所用的时间，s。

表10.1　声速、声衰减观测方法

方法类型	方　法	使用频率	实现难易	观测技术	Q 值精度
驻波振动	单　摆	低频，几赫兹	相当容易	强迫振荡 自由振荡	如 3<Q<100，精度为5%
	共振杆	1~10kHz	相当容易	强迫振荡 自由振荡	如 3<Q<100，精度5%
行波传播	脉冲反射	500kHz~5MHz	易	反射振幅比或谱比	>10%
	透　射	500kHz~5MHz	非常容易	升起时间 频谱幅度比值	>10%
应力与应变相位差	σ—ε 循环	几赫兹到几十赫兹	困难	耗散能量	5%~10%
	相位观测	400Hz	困难	相位差 (σ—ε)	5%~10%

通常，因为需要岩样长度参与计算，所以应将样品加工成两端平整的规则样品。实际应用的时候，有如图10.5所示的3种情况。

图10.5(a) 中样品长度小于其直径，从而认为来自侧面的反射波可以忽略不计，推荐使用；图10.5(b) 中样品长度与其直径相比非常大，所产生的波非常类似于圆柱杆内的导波，也比较常用；图10.5(c) 中样品为大型块状，可根据发射器与接收器之间两种不同距离记录信号的比较直接观测声速和衰减系数。由于可能产生波的转换（发射探头发出纵波或横波时，接收探头会接收到纵波或横波），导致提取横波到时会受到前面转换纵波的干扰，不推荐使用。

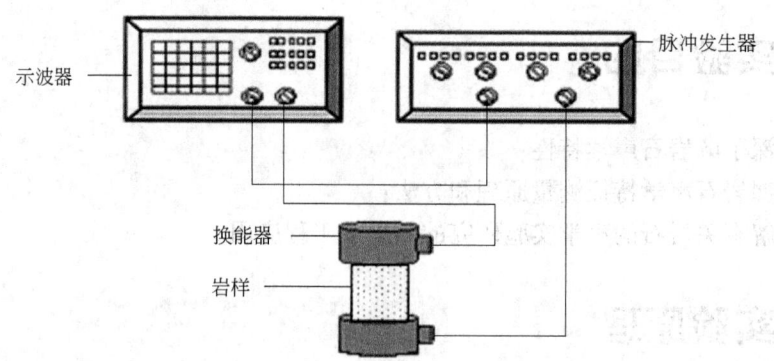

图 10.4　利用脉冲透射法测定柱塞样声速和衰减系数的示意图

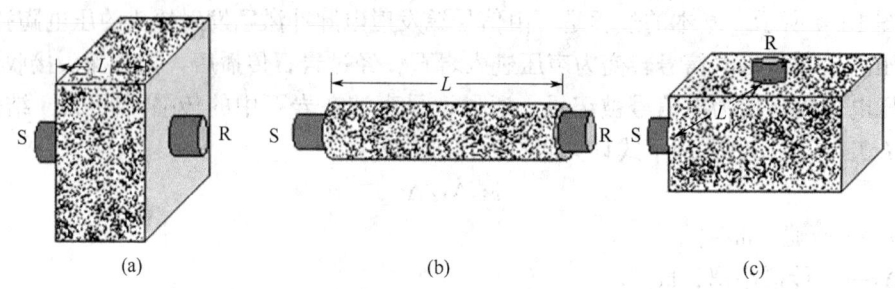

图 10.5　利用脉冲透射法测定衰减系数的不同技术
S—发射器；R—接收器

10.4　实验器材

测量仪器的主体自然是声波测量系统（图 10.4）。同时，为了满足测量流体以及考虑加温加压等需求，对压力容器要求有些变化。图 10.6 为高温高压岩样声波速度测试仪测试系统的示意图，主要包括声波测量系统（数据采集单元）、夹持器、围压控制单元、孔隙压力控制单元、温度控制单元。

（1）数据采集单元：主要包括脉冲信号发生器、发射和接收探头、示波器以及连接的信号线，用于发射和记录声波信号，采集波形后可以根据起跳时间（严格说是时刻）获得声波在岩样中走行的时间（简称走时，是两个时刻的差值）。

（2）夹持器：是岩心所在的高压釜体，需要存放岩心、声波探头，同时要能够对岩样建立温度、压力条件。

（3）围压控制单元：实验围压用于模拟岩样在地下承受的上覆地层的压力。围压采用液压增压的方式，可对岩石样品施加轴向压力和径向压力。一般地，通过手摇泵或者恒速恒压泵往夹持器的腔体增加液压油，随腔体内部压力增大，胶套变形挤压岩石样品，对样品施加径向围压；同时腔体上部声波探头受压向下移动挤压岩石样品，对样品施加轴向压力。围压大小可根据外部连接的压力表显示的读数来控制。

（4）孔隙压力控制单元：实验孔隙压力用于模拟岩样在地下的地层压力（孔隙流体压力）。孔隙压力的施加方式与围压基本相同。使用手摇泵或者恒速恒压泵加压使流体通

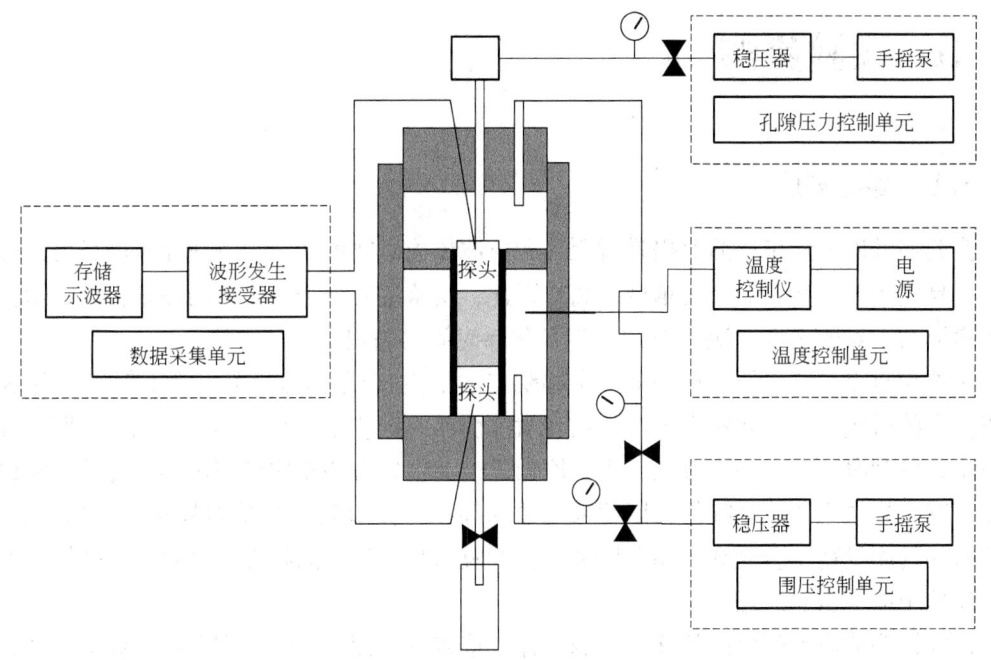

图 10.6　高温高压声波速度测试仪测定系统示意图

过声波探头内部流体通道对样品施加孔隙压力。压力大小由压力表显示的读数来监控。

（5）温度控制单元：实验温度用于模拟岩样在地下的环境温度。夹持器内部的温度控制主要靠夹持器的腔体内部的加热电阻丝和外部的温度自动控制仪来实现。夹持器内部液压油温度升高，温度传感器将温度数据传到温度控制仪，温度控制仪根据实验开始设定好的温度，实现自动调节，最终将温度控制在实验要求的温度范围内。

图 10.7 是实验室常用声波速度测量装置。

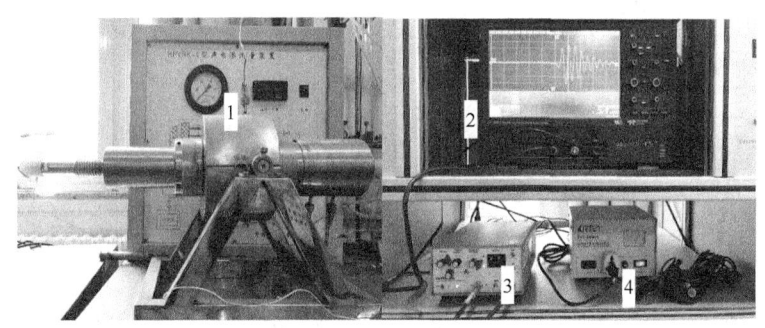

图 10.7　声速测量实验装置图

1—HPVRK-1 型声电渗测量装置；2—美国力科 HDO4022 高分辨率示波器；
3—QLYMPICS-5077PR 方波脉冲发生器；4—稳压电源

对于流体的声速测量，夹持器部分不同于岩样的声速测量：整个声学发射探头和接收探头浸泡在被测流体中，探头间的距离即为声波走行的距离，加压只有流体压力（等同于地层压力）这个一维压力，不再有围压和轴压（具体参照 10.9 中原油和水的实验室测量方法）。

10.5 实验步骤

10.5.1 零时刻度

实验室准确测量声速的前提是对距离和声波传播时间的确定。一般介质的长度是确定的，而且应用卡尺测量的长度精度很高。因此，实验室对于介质声速的测量，其技术关键在于声波初至点的选取（决定时刻）以及传播时间的确定。

声波初至点一般选择波形的第一个起跳点的下沿（图 10.8，图中为下触发）作为初至点。有的时候，如果起跳点不明显或者横波前面有纵波干扰时，实验室也会参照波峰和波谷来读取到时。这个并不鼓励，主要原因是声波在岩石和流体等测试样中传播的时候会造成衰减，导致声波频率降低，因此采用波峰和波谷读取到时会受到频率的影响。当然，传播时间的测量精度会受到诸如电脉冲的长度及形状、探头的特性、接收系统特性等的影响，实验中应该引起注意。

声波探头的压电陶瓷晶片并不与测试样直接接触，而是在压电陶瓷晶片和测试样之间有一个耦合材料（Buffer，延迟线），声波在 Buffer 中传播也需要花费时间，需要在测量岩样时扣除，这个时间称为零时。常用确定零时的方法包括：探头对接（探头之间无测试对象）；使用标准块。一般选用第二种方法，其基本原理是同种均匀介质的声速一定，即声波通过样品的时间应与长度成正比。因此，实验室会测定两种长度的试样，得到两个不同的走时，然后绘制时间和长度的交会图（图 10.9），线性拟合得到的截距即为零时（对应试样长度为 0mm 的时间）。后一种方法在横波速度测量中更有效。实验室常用的标准块为有机玻璃棒或钢棒。

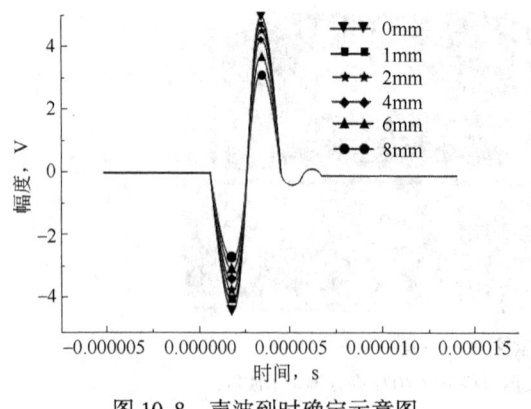

图 10.8 声波到时确定示意图

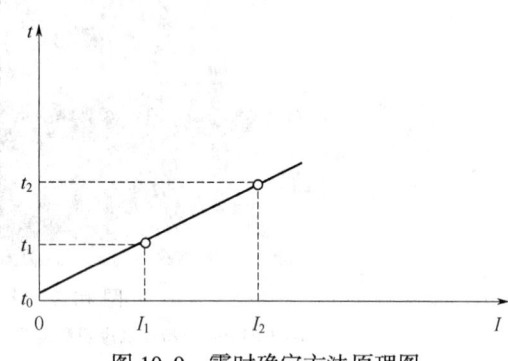

图 10.9 零时确定方法原理图

10.5.2 样品声速测量

在确定零时后，就可以测量岩石的声速了。具体测量时，采取以下步骤：
（1）装入样品到夹持器中，打开脉冲发生器发射纵波信号；

(2) 通过示波器读取第一个下降沿的时间为纵波到时 t_1；
(3) 点击示波器保存按钮，保存波形；
(4) 打开脉冲发生器横波信号；
(5) 通过示波器读取 2 倍的 t_1 附近的起跳点作为横波到时 t_2；
(6) 点击示波器保存按钮，保存波形。

纵波速度和横波速度计算公式如下：

$$v_P = L/(t_1 - t_{P0}) \tag{10.5}$$

$$v_S = L/(t_2 - t_{S0}) \tag{10.6}$$

式中 v_P——纵波速度，m/s；
v_S——横波速度，m/s；
L——样品长度，m；
t_1——纵波到时，s；
t_{P0}——纵波零时，s；
t_2——横波到时，s；
t_{S0}——横波零时，s。

10.6 误差来源和不确定度

声速和声衰减测量时，会存在一些因素导致测量误差，实验时需要注意。声衰减测量比较困难，一般教学实验室不开展实验测量，因此本书主要涉及声速测量的误差来源。

10.6.1 样品尺寸与测试频率的匹配

对于实验室岩石声学测量使用的圆柱形岩石样品，其尺寸即直径和长度对声衰减测量有着直接的影响。一般认为，只要样品尺寸与声波频率间满足一定的关系，这种影响可以忽略不计，该关系为

$$\frac{L}{D_{min}} \leq 5 \tag{10.7}$$

$$15d \leq 5\lambda \leq D_{min} \tag{10.8}$$

式中 L——样品的长度，mm；
D_{min}——样品的最小横向尺寸，mm；
d——颗粒的平均直径，mm；
λ——声波波长，m。

相比之下，声速测量对样品的几何形状要求并不是很苛刻，一般只要求测量的两个端面平行即可。但在低频速度测量时，应选择较大直径岩心以消除波导效应造成的起跳点平缓现象。

10.6.2 耦合条件

在岩石声学参数测量中，常使用耦合剂以保证声学换能器和试样的良好接触，目前使

用的耦合剂主要有黄油、凡士林、微波脱水处理后的蜂蜜、锡箔纸等。对于纵波测量，使用凡士林等材料做耦合剂就可以。对于横波，因为液体不传递横波，因此需要使用黏度较大的材料比如蜂蜜、麦芽糖、锡箔纸等材料作为耦合剂。推荐使用脱水后的蜂蜜做耦合剂测量纵波和横波速度。蜂蜜的优点在于耦合效果好（特别对横波）以及容易用水洗去而不污染岩样。

10.6.3 外加荷载

为了固定以及保证声学换能器与试样的良好接触，实验过程中一般会在声学换能器两侧施加一个荷载。因此，也构成声学实验测量的一个影响因素。应该说，外加荷载如果不是大得足以改变试样的物理性质，外加荷载对声学测量的影响应该与试样的端面平行程度和耦合剂的性质有关。必须强调，对于比较松散、欠压实的岩样，则可能会由于外加荷载而导致测量结果严重失真。

10.6.4 声速测量不确定度

表 10.2 是对长度为 50mm 的 316L 型不锈钢钢块做的纵波、横波速度的测量结果。可见，重复测量数据十分接近。说明波速测量系统测量重复性好，具有较好的可靠性。

表 10.2 不锈钢声波速度测量结果表

测量次数	1	2	3	平均值	标准差
纵波速度，m/s	5958	5962	5948	5956	7.24
横波速度，m/s	3264	3278	3256	3266	11.35

按照不确定度计算方法，声速的相对测量不确定度 E_v 为

$$E_v = \sqrt{(\Delta L/L)^2 + (\Delta t/t)^2} \tag{10.9}$$

式中　ΔL——样品长度测量的不确定度，mm；

　　　Δt——走时测量的不确定度，μs。

通常，实验使用精度为 ±0.01mm 的电子数显卡尺测量样品长度时，其相对不确定度不超过 1‰，可以忽略。对于纵波速度测量，其走时测量不确定度在 0.05~0.15μs，纵波走时按 16~21μs 计，则相对不确定度约为 0.3%~0.9%。同理，对于横波测量走时不确定度最大可达 0.4μs，横波走时按 29~39μs 计，其相对不确定度为 0.8%~1.4%。

10.7　实验注意事项

（1）要求测量样品的两个端面平行；

（2）仪器测试环境及误差要求遵循 SY/T 6351—2012 行业标准；

（3）测试前应检测零延时或标准样品，相对误差应在 ±1% 之内；

（4）对所测岩样抽样重复测量进行检测，抽样率为10%，最小抽检岩样数为两块，复测值与测量值相比，纵波速度相对误差应在±3%之内，横波速度相对误差应在±5%之内。

10.8 数据分析

已知测量纵波零时 t_{P0}，横波零时 t_{S0}，根据式（10.5）、式（10.6）即可计算样品纵波、横波速度。处理结果记录在表10.3中。

表10.3 声波速度处理表

岩心编号	长度 cm	直径 cm	纵波到时 μs	横波到时 μs	纵波速度 m/s	横波速度 m/s	纵波、横波速度比
1	5.396	2.542	13.71	27.45	4062.95	2282.89	1.78
2	2.871	2.540	6.33	14.64	4865.28	2651.78	1.83
3	5.715	2.534	14.15	28.19	4165.15	2344.45	1.78
4	5.291	2.539	14.82	29.15	3676.60	2088.28	1.76
5	5.473	2.548	13.26	27.89	4265.45	2273.15	1.88
6	4.338	2.540	10.12	21.52	4476.32	2449.92	1.83
7	2.88	2.536	6.56	14.78	4697.44	2626.13	1.79
8	5.933	2.541	12.15	24.86	5061.85	2818.97	1.80
9	2.72	2.532	5.7	13.52	5160.31	2802.19	1.84
10	2.171	2.548	5.52	13.42	4264.39	2259.88	1.89

10.9 流体声速测量实验

声速是油、气、水的一个基本物理性质，对其开展测量可了解油、气、水的弹性性质，对于理解不同流体饱和的油层、气层和水层的声速非常重要。实验室测量高温高压流体声速的方法主要有共振干涉法、相位比较法、时差法。其中，时差法因具有装置简单、操作容易、测量结果相对准确的特点而较为常用。由于测量能力的问题，实验室测量油、水的声速比较多，天然气的声速测量较少。气体的声速测量原理和装置与测量油、水的原理和装置是一样的。但是，气体的声速测量装置有以下特点：装置的体积更小，这是因为气体的压缩系数大，装置体积小更容易建立实验压力并且比较安全；探头的间距更小，这样更容易测量得到声波波形。通过实践发现，气体必须达到一定压力（比如5MPa）才能够测量得到波形。

10.9.1 实验原理

传统的高温高压油、水声速的测量方法主要是脉冲透射法。一般采用固定间距声波探头（图 10.10），按照式(10.4) 计算纵波声速。在高温、高压条件下测量液体声速时，间距 l 与零时 t_0（有保护壳的情况）均是温度和压力的函数，需要刻度。对于无晶片保护的探头，探头晶片直接与测试液体接触，t_0 值为 0，仅需刻度间距 l。

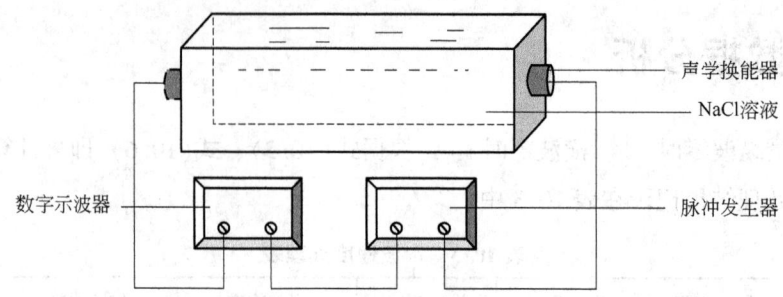

图 10.10　固定探头间距的流体声速测量装置（以 NaCl 溶液声速测量为例）

目前，较为先进的方法是一种"变"间距的高温高压液体声速透射测量方法和实验装置，可在不进行间距、零时刻度的条件下测量液体的声速。

一般地，声波在介质中传播速度的微分形式可写为

$$v = \frac{dl}{dt} \tag{10.10}$$

可见，若间距发生变化时能够确保介质的声速不变，可以由间距增量 dl 除以走时增量 dt 得到介质的声速。

因此，采用"变"间距的方式改变间距并能确保测试液体的温度、压力恒定，测量得到间距增量和走时增量即可由式(10.10) 计算得到液体的声速，并不需要知道间距以及零时的绝对数值，即不需要对其进行刻度。图 10.11 即为其原理图。

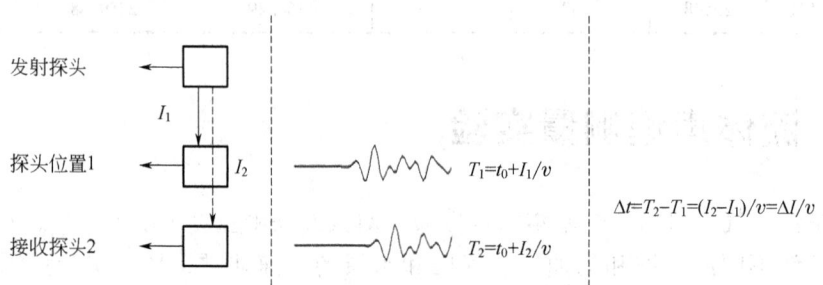

图 10.11　"免"刻度的高温高压液体声速透射法原理示意图

10.9.2　实验器材

为了实现"免"刻度测量，需要在通用测量装置的基础上增加 2 个基本功能："变"间距及间距增量监测；"变"间距时保持测试腔内液体压力、温度恒定。图 10.12 为"免"刻度的高温高压液体声速透射法实验测量装置示意图，主要由液体声速测量夹持器、声波信号发射和采集子系统（脉冲发生器、数字示波器、数据线）、探头位移和间距增量监测子系统（液压泵和微位移传感器）、温度施加及测量子系统、压力施加及测量子系统组成。其中：液体声速测量夹持器中的声学探头相对放置，一个固定安装，另一个固

定在可移动活塞上，因此可用液压泵实现"变"间距并可用微位移传感器监测间距增量；夹持器内部的测试腔与可移动活塞后部的稳压舱连通设计，二者组成恒压舱，活塞移动改变探头间距时引起的测试腔的体积变化由稳压舱等体积补偿以保持恒压舱整体的体积不变，从而使测试液体的压力、温度保持恒定。

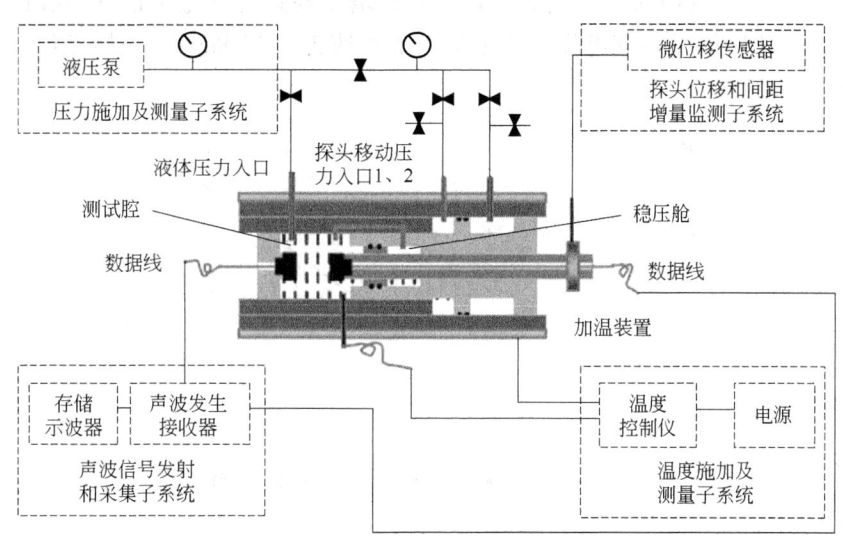

图 10.12 "免"刻度的高温高压液体声速透射法实验测量装置示意图

10.9.3 实验步骤

为了确保在某一温度、压力下测量的液体声速比较准确，避免操作失误引起较大误差，取 i ($i \geqslant 3$) 个"变"间距的间距增量与走时增量的平均值是比较稳妥的。因此，制定实验步骤如下：

(1) 组装仪器，控制、监测测试腔的温度、压力条件为设计值，测量声波波形，确定声波到时为 t_1；

(2) 移动探头至间距增量为 Δl_1（微位移传感器读数，下同），测量声波波形读取声波到时为 t_2，记录走时增量为 $t_2 - t_1$；

(3) 移动探头至间距增量为 Δl_2，测量声波波形，读取声波到时为 t_3，记录走时增量为 $t_3 - t_1$；

(4) 重复步骤 (3)，移动探头至间距增量为 Δl_i，测量声波波形，读取声波到时为 t_{i+1}，记录走时增量为 $t_{i+1} - t_1$；

(5) 改变温度、压力，重复步骤 (2)~(4)。

10.9.4 数据分析和应用实例

在某一温度、压力下采集到间距增量 Δl_i 和对应的走时增量 $t_{i+1} - t_1$ 后，可以按照式(10.11)计算声速：

$$v = [\Delta l_1/(t_2-t_1) + \Delta l_2/(t_3-t_1) + \cdots + \Delta l_i/(t_{i+1}-t_1)]/i \tag{10.11}$$

或者可以采用图解法来得到声速。具体做法是绘制间距增量与走时增量的交会图。若测量系统工作正常和操作无误，二者应该有很好的线性相关关系，做线性拟合后取斜率作为速度。这种方法的好处是可以检查实验结果的正确性。

图 10.13 给出了应用图解法确定蒸馏水（26℃、20MPa）声速的实例。测量时共改变了 3 次探头间距，测量得到 3 个走时增量，间距增量与走时增量呈很好的线性相关关系（$R^2 = 0.9995$），表明测量精度可靠，确定蒸馏水声速为 1525.8m/s，与标准值（1530m/s）相对偏差小于 0.28%。

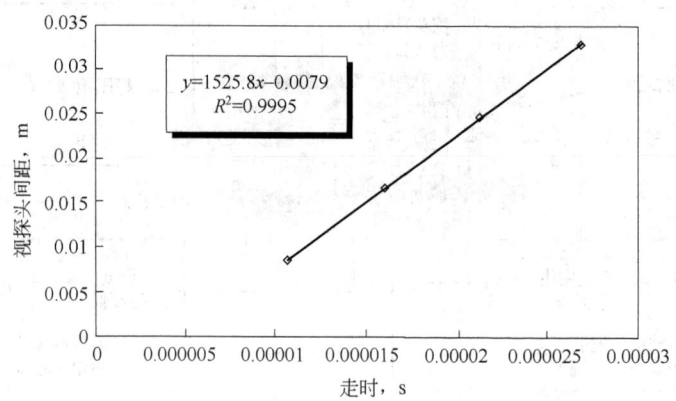

图 10.13　蒸馏水（26℃、20MPa）探头间距与走时增量交会图（斜率为声波速度）

10.10　声速各向异性测量实验

岩石矿物定向排列或者有微裂缝等因素都会产生声速的各向异性问题，即不同方向的声速有差异。岩石声速各向异性实验测量也是测井岩石物理的重要实验之一。在岩石声学实验室，能否进行各向异性测量以及采用的各向异性测量方法，可以一定程度代表实验室声学实验的能力和水平。

10.10.1　传统的声速各向异性实验

传统的声速各向异性实验测量采用的实验方法和实验装置等沿用了传统的声学测量方法，只是采样方式上考虑到了各向异性。一般地，采用 3 个方向，即垂直层理切制的样品[图 10.14（a）]、平行层理切制的样品[图 10.14（b）]、与对称轴呈一定角度（常用 45°）切制的样品[图 10.14（c）]的 3 个岩样开展声速各向异性测量，如图 10.14 所示。

实验测量得到图 10.14 所示的声速后，计算各向异性参数有 3 个，即表征样品纵波各向异性程度的 ε、表征样品横波各向异性程度的 γ 以及 δ。

$$\varepsilon = \frac{C_{11}-C_{33}}{2C_{33}} = \frac{v_{PH}^2 - v_{PV}^2}{2v_{PV}^2} \tag{10.12}$$

$$\gamma = \frac{C_{66}-C_{44}}{2C_{44}} = \frac{v_{SH}^2 - v_{SV}^2}{2v_{SV}^2} \tag{10.13}$$

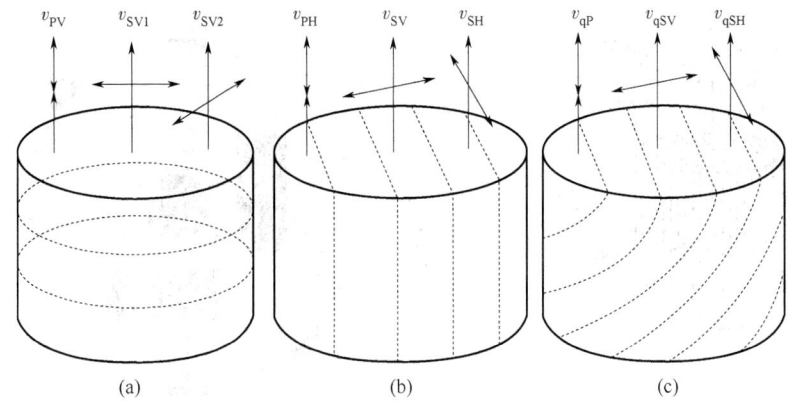

图 10.14 实验室样品制备与弹性波速度测量示意图

$$\delta = \frac{(C_{13}+C_{44})-(C_{33}-C_{44})}{2C_{33}(C_{33}-C_{44})} \tag{10.14}$$

这样的制样和实验室测量方法容易受到非均质性的影响。实验开展的前提是3个不同方向的岩样的密度、孔隙度等物性相同或者相差很小。如果存在非均质性,则会受到非均质性的干扰。

10.10.2 排除非均质性干扰的新方法

如果想排除非均质性的干扰,在取样(取一个样)和声速测量方法上都要有所变化。目前,比较先进的实验室测量方法是对一个水平样完成所有3个纵波速度分量、2个横波速度分量的测量,方法的关键是声系的布设,要能够测量水平样径向方向上的 v_{PV}、v_{qP}。中国石油大学(华东)应用岩石物理实验室(APL)的APL-1型地层条件岩心声速各向异性测量装置(图10.15),能够在排除非均质性干扰的同时完成3个方向纵波速度、2个方向横波速度测量(图10.16)。该装置能够在最高20000psi差压下测量1in、1.5in页岩的声速各向异性,已经在大庆、长庆、吉林油田开展过页岩各向异性的实验测量,表现良好。

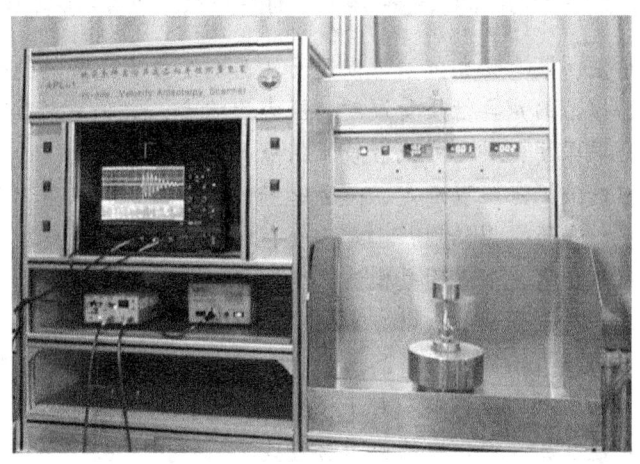

图 10.15 APL-1型地层条件岩心声速各向异性测量装置

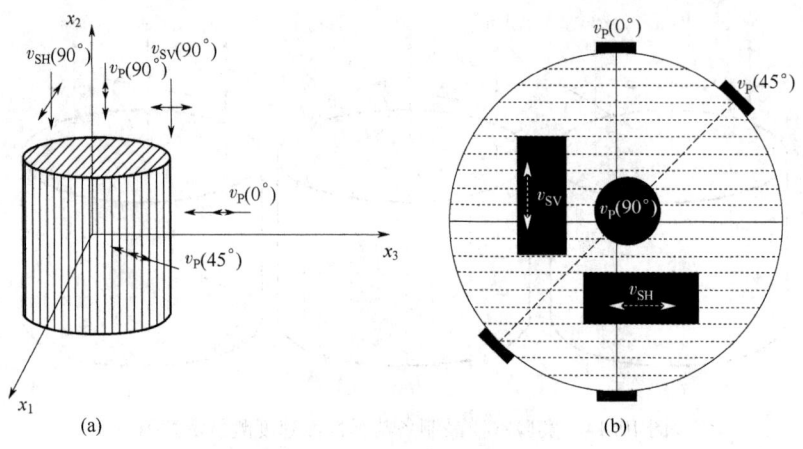

图 10.16　APL-1 型地层条件岩心声速各向异性测量装置的测量声速分量

图 10.17 为 APL-1 型地层条件岩心声速各向异性测量装置的一个应用实例,测量的是准噶尔盆地吉木萨尔一口井页岩的声速各向异性。

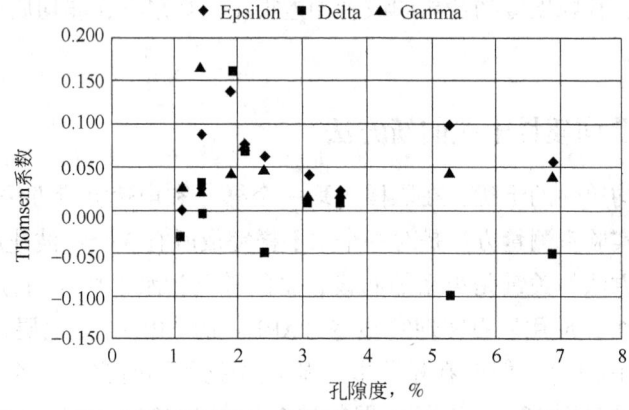

图 10.17　页岩声速测量实例（有效压力 p_e = 7000psi，孔隙压力 p_p = 0）

思考及作业题

1. 除了脉冲透射法，还有哪些方法可以用于实验测定岩石或者其他介质声速？
2. 天然气、水、原油的声学性质受温度、压力影响大，实验室测量高温高压流体的声速需要注意什么？应该采用何种方式或者技术保障开展声速测量？
3. 横波速度测量的波至点难以确定，是否有好的信号分析方法可以采用？测井提取横波速度的方法有很多，是否可以借用？
4. 横波速度难以确定的主要原因是横波速度测量时经常会产生转换纵波造成难以确定横波的波至点，考虑用什么硬件和软件方案消除转换波？
5. 样品不同，波阻抗也不同，对提高透射法和反射法测量声波速度精度有什么启示？
6. 声波速度测量需要采用耦合剂，对于横波的耦合特别需要考虑的因素是什么？
7. 实验室分析声速在测井评价中的应用有哪些？
8. 影响不同岩石声速的因素有哪些？有哪些好的岩石物理模型需要学习？

9. 声速是张量,存在各向异性,如何测量?如何排除非均质性的干扰?

10. 如何应用实验室测量的声速(倒数为时差)与岩心分析的孔隙度建立地层的孔隙度测井评价模型?

11. 如何应用实验室测量的声速获得天然气层的声速识别标准?

12. 如何应用实验室测量的纵、横波速度和密度估算岩石的静态力学参数(杨氏模量等)?

第11章 电阻率实验测量

储层电阻率与油气藏的岩性、物性、含油性密切相关,可识别岩性、划分油水层和对比地层。特别地,由于油(气)、水在电阻(导)率存在接近10个数量级的差异,电阻率测井一直是定量评价储层含油气饱和度的重要方法之一。因此,岩石电阻率的测量也是测井岩石物理研究的重要内容。

测井岩石物理测量电阻率的目的主要有:

(1)定量表征储层岩石的电阻率(测井测量的是视电阻率);(2)在应用电阻率测井资料评价储层的含油水饱和度时,需要借助岩石电学性质实验测量建立由电阻(导)率转换含油水饱和度的模型(参数),如 Archie 公式及 Waxman-smits 模型中的参数 CEC(Q_v)等;(3)通过电学性质的实验研究,获得对油、水饱和度更敏感的电学性质参数,发展新的电测井方法,如复电阻率的测量、介电常数的测量等;(4)其他未列出的应用;等等。

岩石电阻率方程较多,实验测量也较多。限于作者水平以及篇幅,本书仅包括常用 Archie 公式的地层因素和电阻增大率的实验测量以及阳离子交换能力的测量,其他有关薄膜电位等实验请参考相关文献。

11.1 基本定义

各种岩石在外加电场作用下其导电能力各不相同,导电能力的强弱可用物理量——电阻率表示。

由均匀材料组成的电的导体,其电阻 $r(\Omega)$ 与导体横截面积 $S(\mathrm{m}^2)$ 成反比,与导体长度 $L(\mathrm{m})$ 成正比,可表示为

$$r = RL/S \tag{11.1}$$

R 为比例系数,即电阻率($\Omega \cdot \mathrm{m}$),仅与材料有关,与导体的几何尺寸无关。

$$R = rS/L \tag{11.2}$$

11.2 实验目的

(1)加深了解岩石电阻率的概念及研究意义;

(2) 掌握岩石电阻率测量原理和方法；
(3) 了解 Archie 参数的实验测量方法及应用；
(4) 了解阳离子交换能力 CEC 的实验测量方法及应用。

11.3　实验原理

电阻率测量实验原理为欧姆定律，也称为伏安法。图 11.1 为伏安法的测量原理图。装置中包括电源、电极、电流表、伏特表和待测岩样。其中：电源用于供电；电极分为供电电极和测量电极，成对工作，分别用于在岩样内部建立电场以及测量电压；电流表用于测量流经岩样的电流强度 I；伏特表用于测量电极 M、N 的电压 U。实验测量得到电压和电流强度后，即可按照下式计算电阻 r：

$$r = U/I \tag{11.3}$$

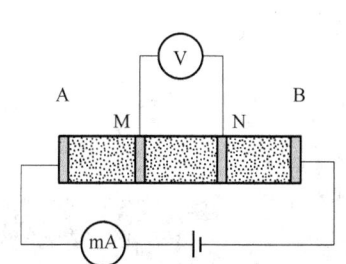

图 11.1　岩石电阻率测量原理（伏安法）图

然后即可按照式(11.2) 计算得到岩石的电阻率。

按照使用的电极系的类型，可以将伏安法进一步分为二极法、四极法、阵列电极法（图 11.2）。二极法的供电电极和测量电极合并在一起；四极法的供电电极和测量电极分开工作；阵列电极除了供电电极外，测量电极同时作为监测电极组合使用，可以监测电流方向上岩样各个区间的电阻（含水饱和度）情况。四极法的产生主要是考虑到二极法测量时测量电极和岩样之间存在接触电阻的问题。实际上，四极法并不比二极法优越。二极法的测量结果的确会受到测量电极接触电阻的干扰。四极法虽然不用考虑供电电极的接触电阻率，但是因为采用环状电极作为测量电极，与岩样的接触面积比二极法采用的圆片电极更小，接触电阻的影响没有得到改善，反而更为恶化了，这需要引起足够的注意。

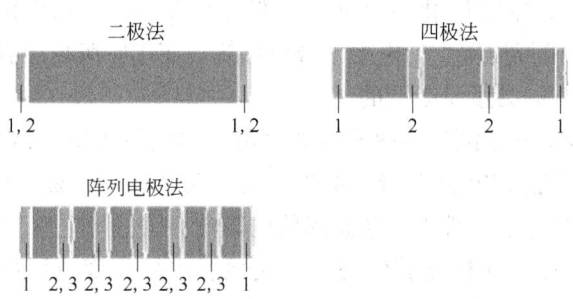

图 11.2　不同电阻率测量方法的岩样和电极配置关系示意图
1—供电电极；2—测量电极；3—监测电极

由电阻率定义和测量原理可知，实验需要使用标准的柱塞样，有明确的长度、横截面积，方便将测量电阻转换为电阻率。同时，因为需要模拟各种饱和状态［水层、油（气）层、油（气）水同层］以及不同赋存条件（温度和压力），还需要开展洗油、洗盐、饱和度控制以及加温、加压等操作。具体方法可以参见第2章岩样的选取和制备方法。

此外，测量盐水电阻率方法原理与岩石的相同。但是在夹持器部分，自然不能用常用的哈斯勒夹持器，需要使用容器。

11.4 实验器材

实验室测量岩石电阻率的装置如图11.3所示。装置包括 LCR 电桥（用于测量电阻）、岩心夹持器（用于夹持岩样和测量电极，图示夹持器是常压夹持器）、耦合材料（用于减少接触电阻）和导线（用于导电）。

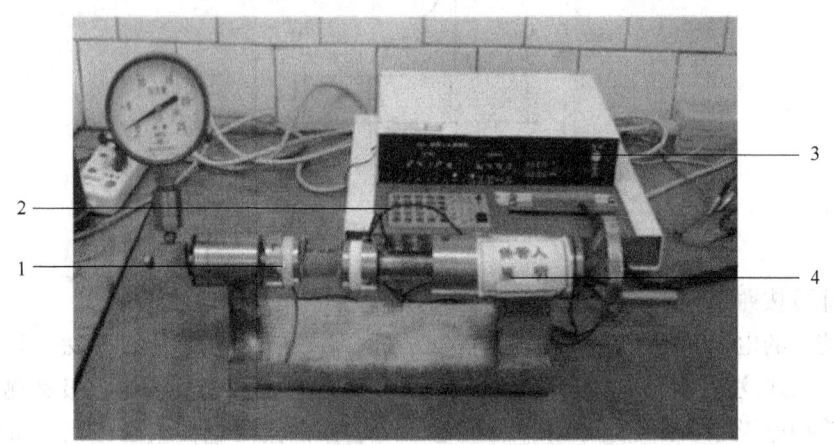

图11.3　常规实验条件不同饱和状态岩样电阻率的测量装置（二极法）
1—电极（供电或测量）；2—导线；3—电桥；4—夹持器

11.5 盐水电阻率测量

通常，盐水特别是等效矿化度 NaCl 溶液的电阻率可以使用斯伦贝谢公式计算［式(2.25)］。但是，模拟地层水的电阻率难以计算，使用图版也会存在较大误差。因此，实验室开展盐水电阻率的测量是必要的。

图11.4是一种按伏安法测量电解质溶液电阻率的测量系统。该系统由一个圆管状电解质溶液容器、ZL5智能LCR测量仪、4个电极（两个供电电极、两个测量电极）和导线构成。为了减少来自电子元件工作状态起伏的影响，圆柱形电解质溶液容器的内径被设置得足够小，约3~5mm，这样能够保证在很大地层水矿化度范围内（小于50000mg/L）测量的电阻足够大（通常可大于1000Ω），尽可能提高信噪比。

表11.1是5种矿化度（1000mg/L、5000mg/L、10000mg/L、20000mg/L、50000mg/L）

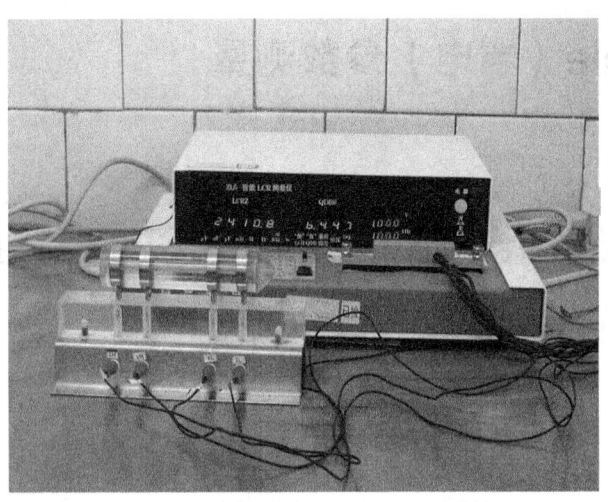

图 11.4 电解质溶液电阻率测量系统

NaCl 溶液的电阻，溶液的电阻率按下式计算得到：

$$R_w = k_{设计} r_w = \frac{S}{L} r_w \tag{11.4}$$

式中 r_w——电解质溶液的测量电阻，Ω；

$k_{设计}$——可根据容器内径以及容器设计的电极系数，m；

S——横截面积，m^2；

L——测量电极长度，m。

将测量结果与斯伦贝谢公式计算结果对比确定了电极系数为 0.000138m。

表 11.1 不同矿化度 NaCl 溶液电阻率测量结果以及仪器的 k 值刻度表

矿化度 mg/L	测量电阻 Ω	由$k_{设计}$估算电阻率 $\Omega \cdot m$	斯伦贝谢经典值 $\Omega \cdot m$	逆推$k_{标定}$值 m	温度 ℃
1000	34773.0	4.91	4.80	0.000138025	26.7
5000	7598.2	1.07	1.05	0.000138441	26.4
10000	4036.8	0.57	0.55	0.000137475	25.9
20000	2124.0	0.30	0.29	0.000137392	26.0
50000	941.7	0.13	0.13	0.000137264	25.8

实际盐水电阻率测量示例如下：某模拟地层水电阻率的重复测量结果见表 11.2。

表 11.2 模拟地层水电阻率（$\Omega \cdot m$）测量结果（25℃）

测量序次	1	2	3	4	5	6	平均值	标准差	测量结果
电阻率，$\Omega \cdot m$	0.239	0.235	0.238	0.242	0.245	0.241	0.24	0.003	0.24±0.003

考虑到 ZL5 智能 LCR 测量仪测量精度较高，忽略电阻率测量的 B 类不确定度，则该模拟地层水的电阻率可计为 (0.24±0.003)$\Omega \cdot m$。

11.6 Archie（岩电）参数测量

11.6.1 Archie 公式

Archie 公式是测井定量解释纯地层含油饱和度的理论基础，由地层因素和电阻增大率两个公式构成，即

$$FF = \frac{R_o}{R_w} = \frac{1}{\phi^m} \tag{11.5}$$

$$RI = \frac{R_t}{R_o} = \frac{1}{S_w^n} \tag{11.6}$$

式中　　FF——地层因素；

R_o——完全含水砂岩的电阻率，$\Omega \cdot m$；

R_w——地层水的电阻率，$\Omega \cdot m$；

m——胶结指数，通常取为 2；

RI——电阻增大率；

n——饱和度指数，通常取为 2；

ϕ——孔隙度，%；

R_t——地层真电阻率，$\Omega \cdot m$；

S_w——含水饱和度，%。

地层因素公式描述了孔隙为地层水饱和岩石的电学性质，通过采用饱水岩石电阻率与地层水电阻率的比值消除了地层水电阻率的影响，在没有岩石骨架导电的情况下，该比值主要与岩石的孔隙结构有关。电阻增大率公式描述了孔隙中含有不导电油气的岩石的电学性质，通过采用含油气岩石电阻率与完全饱和地层水岩石电阻率的比值消除了孔隙结构、地层水电阻率的干扰，该比值主要与含油气饱和度有关。

将式（11.5）、式（11.6）合并得到 Archie 估算储层含水饱和度的表达式：

$$S_w = \left(\frac{1}{RI}\right)^{1/n} = \left(\frac{FF \cdot R_w}{R_t}\right)^{1/n} = \left(\frac{R_w}{\phi^m \cdot R_t}\right)^{1/n} \tag{11.7}$$

式中　　R_t——电阻率测井得到的地层真电阻率，$\Omega \cdot m$；

R_w——可由水样品分析或者由自然电位测井曲线估算得到，$\Omega \cdot m$。

可见，应用 Archie 公式定量计算地层含油饱和度，需要实验室测量确定 a、b、m、n。

在测井岩石物理领域，习惯上将确定 a、b、m、n 的实验称为岩电实验。实际上，岩电实验也包括其他表征岩石电学性质的实验，比如阳离子交换能力 CEC 的测量等。为了将 a、b、m、n 与其他表征岩石电学性质的参数如 CEC（阳离子交换能力）等区分开，本书将 a、b、m、n 统称为 Archie 参数。

实验室确定 Archie 参数，是通过地层因素和电阻增大率的实验测量实现。

11.6.2 地层因素实验测量及胶结指数 m 的确定

1. 地层因素实验测量步骤

按照图 11.3 组建实验装置后，可以采取以下具体实验步骤测量样品的地层因素，包括：

(1) 对样品进行烘干，烘干后称量干重 m_1；

(2) 对样品和配好的盐水进行抽真空处理，持续 4~8h；

(3) 对样品施加 28MPa 加压饱和，持续 1~2 天；

(4) 饱和完成后，称量样品的湿重 m_2 以及浮重 m_3，得到饱水法孔隙度；

(5) 测量室温条件下盐水的电阻率 R_w（根据需要可转化到 25℃时盐水电阻率）；

(6) 测量室温条件下完全饱和岩样的电阻率 R_0（根据需要可转化到 25℃时盐水电阻率）；

(7) 按地层因素公式计算各个样品地层因素。

2. 数据处理

(1) 根据测量的岩石电阻、温度、电极系数及所用地层水电阻率，依式(11.6) 得到地层因素（表 11.3）。

(2) 在双对数坐标系中绘制地层因素（无量纲数）与孔隙度（小数）的交会图（图 11.5）。为了强制 $a=1$，增加一个孔隙度为 100%、地层因素为 1 的点。幂函数拟合估算出：$a=1$，$m=1.751$。

表 11.3 某储层地层因素测量结果

序号	岩样编号	长度 cm	直径 cm	温度 ℃	岩心电阻 Ω	岩心电阻率 Ω·m	地层水电阻率 Ω·m	地层因素	孔隙度
1	6	6.305	2.516	70		8.989	0.317	28.36	0.150
2	16	3.788	2.522	70		4.563	0.317	14.40	0.221
3	22	3.758	2.516	70		3.286	0.317	10.37	0.270
4	25	4.736	2.511	70		4.560	0.317	14.39	0.208
5	29	5.859	2.519	70		3.468	0.317	10.94	0.257
								1.00	1.000

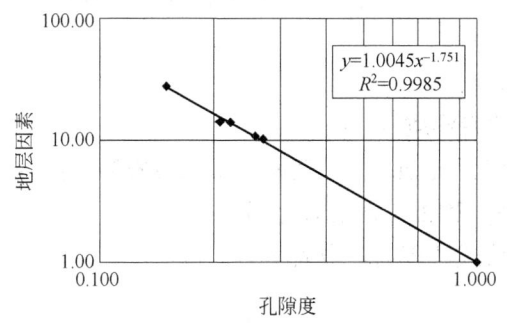

图 11.5 地层因素与孔隙度交会图

11.6.3　电阻增大率测量及 b、n 值的估算

电阻增大率的测量需要使用合适的方法来降低岩样含水饱和度，同时测量岩样饱和度和电阻率，按电阻增大率公式计算电阻增大率。常用方法为离心法和半渗透隔板法。

1. 离心法

离心法是岩心在高速离心机旋转过程中，孔隙流体所受的离心力大于毛细管压力时将会从岩石孔隙中排出。实验时，逐渐增加离心转速并测量该转速下的饱和度和电阻率，绘制电阻增大率—饱和度交会图后幂函数拟合得到饱和度指数。

1）实验装置

图 11.6 是一个比较有代表性的超级岩心离心机。该离心机采用 4 个水平转子，负载后最大离心速度可以达到 12000r/min，最大驱替力（取决于转速、离心臂长度、岩心长度等参数）可以达到 3MPa。

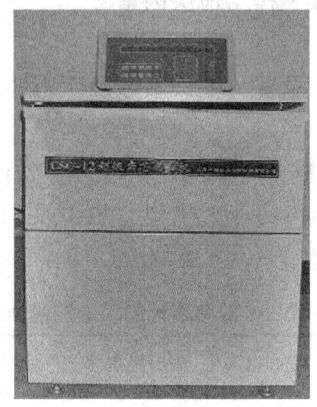

图 11.6　CSC-12 超级岩心离心机图

2）实验步骤

（1）将岩样放入离心机，根据岩样的孔隙度情况选择初始离心速度 n(r/s) 和离心时间 t。

（2）取出岩样称量岩样质量 m_{desa}，测量含水饱和度 S_w 和岩样电阻率，岩样电阻率换算到 25℃时岩样电阻率。计算含水饱和度公式为

$$S_w = (m_{desa} - m_1)/(m_2 - m_1) \times 100\% \tag{11.8}$$

式中　m_1——岩样干重，g；

m_2——岩样湿重，g；

m_{desa}——离心后的岩样质量，g。

（3）根据岩样失水情况，适度增加转速 n(r/min) 或离心时间 t，重复步骤（1）和（2），测量一系列含水饱和度 S_{wi} 和 25℃时岩样电阻率。

（4）按电阻增大率公式计算电阻增大率。

3）数据处理方法

（1）根据测量不同转速下的质量、电阻，按照上述方法计算得到饱和度和电阻增大率，填入表 11.4。

表 11.4 某岩样离心法电阻增大率测量结果（70℃）

序号	离心机转速 r/min	质量 g	电阻 Ω	饱和度	电阻增大率
1	0	49.500	356	1.00	1.00
2	500	48.704	531	0.81	1.49
3	1500	48.282	675	0.71	1.90
4	3000	47.649	1064	0.56	2.99
5	6000	47.040	2064	0.41	5.79
6	9000	46.291	5549	0.23	15.58

（2）在双对数坐标系中绘制电阻增大率（无量纲数）与含水饱和度（小数）的交会图（图11.7）。幂函数拟合估算出：$b=1$, $n=1.881$。

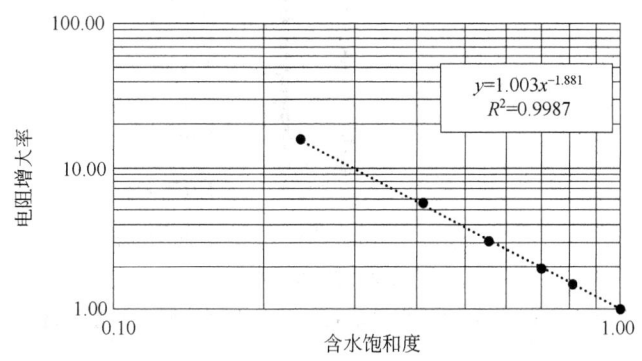

图 11.7 某岩样离心法电阻率测量结果

2. 半渗透隔板法

图 11.8 为毛细管压力与电阻率联合测量装置。该装置由夹持器子系统、压力子系统、温度子系统、饱和度计量子系统、电阻率测量子系统组成。

1）夹持器子系统

夹持器子系统由12个哈斯勒夹持器组成，可同时开展12块岩样的毛细管压力与电阻率联测，这实际上是与隔板法毛细管压力测量特点相对应的一种提高实验效率的手段。

在每个圆柱形夹持器的轴向上有入口、出口通过管线与气瓶和计量管相连接，与气瓶、泵、阀门、计量管组合使用可对岩样施加孔隙压力和驱替压力并计量出液情况。夹持器内嵌有胶套，径向上有接口与打压泵相连，可通过将油或水泵入夹持器与胶套的空隙方式施加围压。使用内嵌胶套上的环形银质电极以及上、下柱塞可对岩样开展二极法和四极法电阻率测量。

2）压力子系统

压力子系统由手摇泵施加围压，由气瓶、调压阀施加驱替压力，压力由0.45级压力表显示，最小可控驱替压力为0.005MPa。

3）温度子系统

该装置可利用烘箱加热，温度可用热传感器测量。

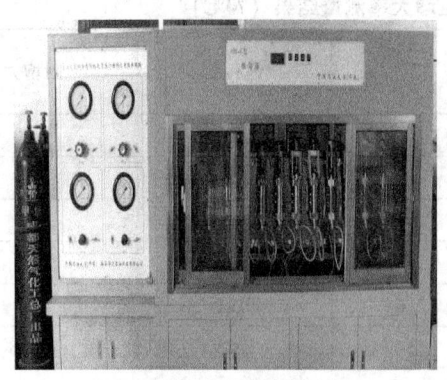 

(a) 毛管压力曲线测量装置　　　　(b) 测量电阻(率)的ZL5智能LCR测量仪

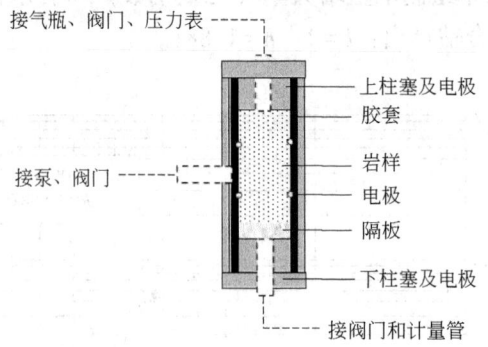

(c) 夹持器结构示意图

图 11.8　半渗透隔板毛细管压力与电阻率联合测量系统

4）饱和度计量子系统

饱和度计量子系统与夹持器出口端相连，由软胶管、计量管组成，可计量每次驱替压力下从岩样中驱排出的水量，从而结合岩样原始含水量计算含水饱和度。

5）电阻率测量子系统

电阻率测量子系统由夹持器内的测量电极、导线和 ZL5 智能 LCR 测量仪组成。

具体测量流程如下：

（1）用盐水饱和实验岩心和半渗透隔板。

（2）将饱和好的半渗透隔板放入夹持器中，施加 10MPa 的围压后测量其电阻 r_m。

（3）取出隔板，然后将饱和后的岩样同隔板一同装入夹持器，并施加 10MPa 的围压。

（4）在连接夹持器的计量管中装入一定高度的盐水，待系统稳定后，记录此时计量管中的液面高度 H_0 及岩样初始状态的电阻 r_0。

（5）从 0.05MPa 开始，以大约 1.3 倍的速度增加驱替压力。每种压力下，观察计量管中液面位置 H 和电阻 r，至二者（电阻值在正常波动范围）恒定时，记录驱替压力、液面位置、电阻和盐水温度后再调整施加压力。

（6）驱替压力突破隔板阈压，停止加压，取出岩心和隔板，并测量该状态下岩样质量 m^*，计算剩余含水体积。

（7）饱和度的确定。根据实验结束测量得到的岩样质量 m^* 以及岩样每个驱替压力下的出水量，可以计算得到不同驱替压力下的饱和度 S_{wi}，已知岩心干燥状态质量 m，岩心

初始状态质量 m_0，则岩样初始状态的总含水量为

$$\Delta m = m_0 - m \tag{11.9}$$

在第一次驱替压力下，岩样的出水量为 $\Delta H_1 \rho$，则在该驱替压力下岩样饱和度为

$$S_{w_1} = \frac{\Delta m - \Delta H_1 \rho}{\Delta m} \times 100\% \tag{11.10}$$

岩样质量 m_1 为

$$m_1 = m_0 - \Delta H_1 \rho \tag{11.11}$$

依次类推得到不同驱替压力下的岩样饱和度和质量为

$$S_{wi} = \frac{\Delta m - \Delta H_i \rho}{\Delta m} \cdot 100\% \tag{11.12}$$

$$m_i = m_0 - \Delta H_i \rho \tag{11.13}$$

3. 数据处理方法

（1）根据不同驱替压力下的饱和度、电阻，按照上述方法计算得到饱和度和电阻增大率，填入表 11.5。

（2）在双对数坐标系中绘制电阻增大率（无量纲数）与含水饱和度（小数）的交会图（表 11.5）。幂函数拟合估算出：$b = 1.03$，$n = 1.60$。

表 11.5　某岩样隔板法电阻增大率实验测量分析报告

样品编号	序号	温度 ℃	饱和度	压力 MPa	岩心电阻 Ω	电阻增大率	毛细管压力曲线图
平20A22	1	70	1.00	0.001	263	1.00	
	2	70	0.90	0.1	321	1.22	
	3	70	0.77	0.2	427	1.63	
	4	70	0.58	0.4	635	2.42	
	5	70	0.46	0.8	981	3.73	
	6	70	0.31	1.2	1779	6.77	
电阻增大率与饱和度交会图							

11.6.4　质量控制（实验注意事项）

（1）若岩样为强润湿性，应对岩样做润湿性恢复再进行电阻率参数的测量；

（2）需保证气体孔隙度与饱和水法孔隙度测量结果的差值小于1.5%（请按照第2章介绍的饱和方法提高饱和程度）；

（3）配置的盐水电阻率应与给定矿化度所对应的电阻率一致；

（4）测量时保证岩心端面平整湿润且与测量电极接触良好，尽可能减小接触电阻。

接触电阻产生的原因在于刚性的岩样表面并不光滑，与刚性的金属电极接触面会存在空隙，空隙中充填的空气不导电，使接触面积减小而导致接触电阻较大。

一般地，为了减小接触电阻，实验室常使用湿布或者湿滤纸（通常是用饱和岩样的盐水泡过，实验过程中应保持湿度基本恒定）置于岩样和电极之间，并施加适当压力，确保岩样和电极良好耦合。这种方法实际应用不好控制，如果盐水太多，可能会导致盐水进入岩样改变饱和度；如果盐水太少，则会导致接触电阻变大。中国石油大学（华东）应用岩石物理实验室（APL）采用导电橡胶作为耦合材料，可控性强。图11.9为实验室条件减小接触电阻的示意图。应用隔板法时通过使用打孔的导电橡胶来减小接触电阻，同时能够通过孔洞保证流体的渗流、改变岩样的含水饱和度。

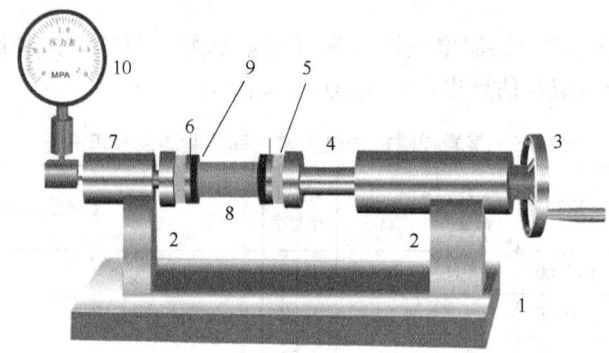

图11.9 使用导电橡胶的岩石电阻率测量夹持器

1—底座；2—支撑座；3—手轮；4—调节导轨；5—绝缘连接体；6—电阻测量电极；
7—压力缸；8—待测岩心；9—导电橡胶；10—压力表

表11.6为应用导电橡胶测量电阻的应用效果。可见，应用导电橡胶测量的岩样电阻比较小，并且测量电阻的标准差明显比盐水润湿滤纸测量电阻的标准差小，表明导电橡胶减小了接触电阻并且更容易控制。

表11.6 导电橡胶应用实例

岩心序号	使用盐水润湿滤纸测量电阻，Ω						使用导电橡胶测量电阻，Ω					
	1	2	3	4	5	标准差	1	2	3	4	5	标准差
1	649	726	856	724	783	77	636	625	645	619	617	12
2	1382	1398	1485	1641	1683	138	1197	1225	1213	1206	1204	11
3	2230	2218	2561	2265	2593	187	2038	2044	2047	2083	2076	20
4	876	861	925	953	921	38	757	765	763	753	748	7
5	2307	2408	2910	2414	2833	276	2068	2060	2106	2098	2094	20
6	624	628	635	676	681	27	533	540	527	533	522	7
7	657	682	698	763	768	50	568	574	579	581	590	8

11.7 阳离子交换能力 CEC 实验测量

对于泥质砂岩储层来说，岩石的导电特性容易受到诸如地层水电阻率、与黏土含量有关的泥质附加导电性等因素的影响。通常，在淡水地层或地层水矿化度较低的情况下有泥质附加导电作用较突出的结论。近年来，也有地层水矿化度较高情况下泥质附加导电作用仍然明显的实验发现。总之，泥质附加导电作用对泥质砂岩储层的电性和含油性的影响是不容忽略的。

11.7.1 基本定义

Waxman-Smits 模型是计算泥质砂岩储层含油（气）饱和度的基本公式之一，有

$$S_w^{(-n^*)} = \frac{R_t}{F^* R_w} \left(1 + \frac{BQ_v R_w}{S_w}\right) \tag{11.14}$$

其中

$$Q_v = CEC(1-\phi_t)\rho_G/\phi_t \tag{11.15}$$

$$F^* = \frac{1}{\phi^{m^*}} \tag{11.16}$$

式中 ϕ_t——总孔隙度；

ρ_G——岩石颗粒密度，g/cm^3；

CEC——岩石的阳离子交换能力，$mmol/100g$；

Q_v——与黏土有关的阳离子交换容量，N；

R_t——含烃地层电阻率，$\Omega \cdot m$；

R_w——地层水电阻率，$\Omega \cdot m$；

B——平衡离子的等效电导，S/m；

m^*——泥质砂岩的视胶结指数；

n^*——泥质砂岩的视饱和度指数（与黏土含量无关）。

就 Waxman-Smits 模型而言，阳离子交换容量 Q_v 是最能体现其方法、原理的参数，也是决定其应用效果的关键参数，通常由岩心分析得到的 CEC 换算后，经刻度测井资料后由测井响应值换算得到，实验室测量 CEC 是使用 Waxman-Smits 模型的基本条件，非常重要。

11.7.2 实验原理

实验室通常采用化学滴定法测量储层岩石的 CEC，但该方法存在一定的不足，如需要进行蒸馏、滴定等操作，测试过程比较复杂，需要多次观察、比对颜色，受化学及人为因素影响较多，实验周期较长等，在实际使用过程中存在诸多不便。目前，实验室更多使用一种吸光度分析技术进行 CEC 测量的新方法——光度分析法。

根据朗伯-比尔定律（光的吸收定律），吸光度 A（入射光与透过光强度之比的对数值，无量纲数）与溶液的浓度（mg/mL）和液层厚度 $h(m)$ 的乘积成正比。光度分析法测量 CEC 值就是利用这一原理，通过一系列操作步骤获得与岩样等数量的铵离子后，通

过测量其溶液的吸光度 A 来测定岩样的 CEC。

11.7.3 实验器材

图 11.10 列出了中国石油大学（华东）应用岩石物理实验室的测量阳离子交换能力的主要实验装置，包括 CJJ-931 四联磁力加热搅拌器、TD5A-WS 离心机、UV/VIS-752N 紫外可见分光光度计、各种测试用化学试剂、玻璃器皿。

(a) CJJ-931四联磁力加热搅拌器

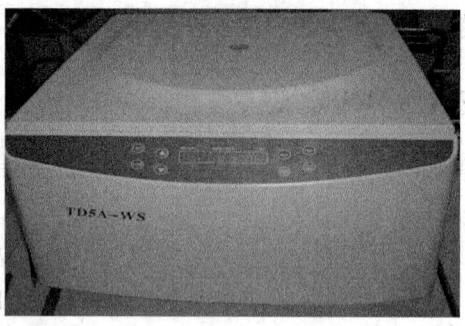
(b) TD5A-WS离心机

(c) UV/VIS-752N紫外可见分光光度计

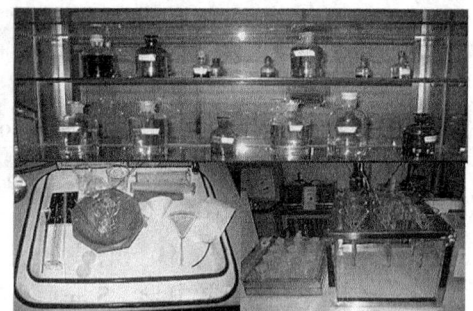
(d) 各种测试用化学试剂、玻璃器皿

图 11.10 测量阳离子交换能力 CEC 的常用实验装置

UV/VIS-752N 紫外可见分光光度计主要用于测量吸光度。CJJ-931 四联磁力加热搅拌器主要用于各种岩粉和溶剂等物料混合的加热搅拌处理。TD5A-WS 离心机主要用于洗盐等离心分离，各种测试用化学试剂、玻璃器皿用于溶解、浸泡、交换等过程。

11.7.4 实验步骤

该方法使用前需要刻度，建立吸光度 A 与铵离子浓度 C 的响应关系模型，然后才能够测量。具体的实验步骤如下。

1. 刻度

配制几种标准浓度 $C_{1,2,\cdots,i}$ 的铵离子工作液（表 11.7），在可见光分光光度计上以波长 425nm、10mm 比色皿分别测定吸光度 $A_{1,2,\cdots,i}$，绘制标准工作曲线（图 11.11），求斜率 $\tan\alpha$（图中为 121.86）。

表 11.7 标准浓度铵离子工作液的铵离子容量及浓度表

测量瓶编号	1	2	3	4	5	6
标准浓度铵离子工作液,mL	0	0.6	1.0	1.5	2.0	2.5
相当于测量瓶中铵离子浓度,mg/mL	0	0.0006	0.0010	0.0015	0.0020	0.0025

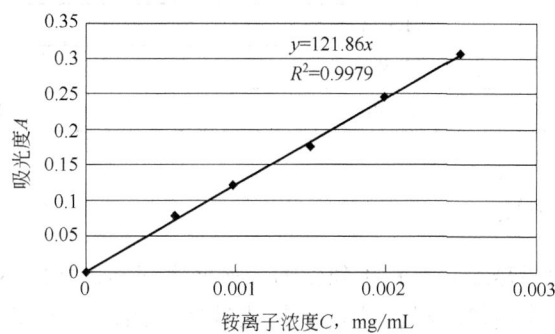

图 11.11 使用导电橡胶的岩石电阻率测量夹持器

2. 测量

(1) 把黏土、泥页岩磨细,过孔径为 0.074mm 筛,油气层砂岩岩心先经洗净、磨细,过孔径为 0.25mm 筛,把磨细过筛的试样放在恒温干燥箱中,干燥后,放入装有硅胶的干燥皿中;

(2) 准确称取一定量试料,溶解,测出 pH 值,并以此确定试样的酸碱性;

(3) 取一定量试料(由待测样的类型和含量估计,确保铵离子浓度在刻度范围内),精确至 0.0001g,放入离心管中加 70% 酒精溶解,离心洗去可溶性盐;

(4) 加入氯化铵交换液进行离子交换;

(5) 用浓度为 95% 的酒精洗去残留的非交换性铵离子;

(6) 用 KCl 溶液置换可交换性铵离子,所得试液留待测阳离子交换能力;

(7) 使用分光光度计测量吸光度 A。

11.7.5 不确定度

对某黏土样品的 CEC 值做了重复测量(表 11.8)。可以看出,测量结果的稳定性好,平均绝对误差仅为 1.052mmol/100g,A 类不确定度(标准差)仅为 1.21mmol/100g,准确度高,符合相应的标准(当 CEC 值大于 60mmol/100g 时,绝对偏差小于 3mmol/100g)。

表 11.8 光度分析法对黏土样品的 CEC 值的测量结果

测量次数	吸光度 A	阳离子交换能力 CEC,mmol/100g	绝对误差
1	0.708	72.182	-0.418
2	0.726	74.017	1.417
3	0.703	71.672	-0.928
4	0.717	73.100	0.500
5	0.703	71.672	-0.928
6	0.703	71.672	-0.928

续表

测量次数	吸光度 A	阳离子交换能力 CEC，mmol/100g	绝对误差
7	0.724	73.813	1.213
8	0.733	74.731	2.131
9	0.701	71.468	−1.132
10	0.703	71.672	−0.928
平均值	0.712	72.600	1.052
标准差	0.012	1.210	1.210

11.7.6 实验注意事项

由于朗伯—比尔定律是建立在粒子独立的、彼此之间不相互作用的假设基础上的。当溶液较稀，粒子间相互作用较小时，该定律是比较适用的。当浓度较高（对应吸光度大于0.64）时，粒子间的相互作用会使它们的吸光能力发生改变，使吸光度与浓度关系偏离线性关系。介质不均匀，会引起反射、散射使透光率减小，也将导致对朗伯—比尔定律的偏离。因此，在实际测量时，应根据区块的黏土类型、含量特点，调整实验样品的数量，从而保证吸光度测量值在最佳的精度范围内。推荐泥岩用0.5g，泥质砂岩用1g左右。

11.7.7 数据分析

根据测量得到的吸光度 A（无量纲数）、刻度确定的 $\tan\alpha$、V（待测液体积，mL）、M（铵离子摩尔质量，g/mol）、m（试样的干样质量，g）代入式（11.16）求CEC，有

$$\text{CEC} = \frac{AV}{mM\tan\alpha} \times 100 \tag{11.17}$$

表11.9给出了大庆某探区储层实验测试原始记录（数据包括 Q_v）。

表11.9 大庆油田某探区储层CEC实验测试原始记录及 Q_v（M=18.04g/mol；$\tan\alpha$=148）

井号	样品编号	井深 m	孔隙度 %	颗粒密度 g/cm³	岩粉质量 m g	溶液体积 mL	吸光度 A	CEC mmol/100g	Q_v mmol/100cm³
B78	1	1077.83	20.8	2.668	1.003	250	0.897	8.378	84.900
	15	1085.73	23.3	2.667	0.992	250	0.734	6.933	60.794
	5	1079.13	25.5	2.658	0.996	250	0.739	6.945	53.908
	6	1079.43	25.6	2.674	0.997	250	0.823	7.732	60.005
	7	1079.73	21.2	2.655	0.999	250	0.642	6.020	59.383
	8	1080.23	22.0	2.638	0.998	250	0.808	7.590	70.871
	9	1080.93	23.9	2.657	1.005	250	0.688	6.413	54.326
B83	1	1790.6	14.2	2.621	1.001	250	0.389	3.641	57.664
	2	1792.4	18.5	2.622	0.994	250	0.394	3.711	42.898
	4	1794.3	14.7	2.623	0.999	250	0.473	4.433	67.732
	5	1797	14.9	2.623	0.995	250	0.647	6.091	91.172

思考及作业题

1. 除了本书介绍的 Archie 公式，还有哪些电阻率（饱和度）方程可以使用？它们与 Archie 公式有何差别？
2. 电阻率是矢量，存在各向异性，如何测量？
3. 胶结指数如何影响含水饱和度的计算？
4. 饱和度指数如何影响含水饱和度的计算？
5. 致密储层、页岩油气储层的物性较差，有关洗油、饱和、增或降含水饱和方法需要做哪些考虑？可以采用哪些方案？
6. 煤层具有割理系统，煤的电阻率是否可用 Archie 公式？为什么？
7. 不同的储层有不同的成岩史，也具有不同的孔隙类型，在考虑电阻率模型时需要考虑哪些因素？有哪些可用的电阻率方程？
8. 具有泥质和黏土附加导电的岩石，有哪些方程可以使用？需要测量哪些参数？
9. 相对化学滴定法，光度分析法有哪些优点？
10. 实验室测量的电阻率还有什么其他测井应用？

第12章 核磁共振实验测量

核磁共振测井是以核磁共振为基础的测井方法,是利用原子核在磁场中的能量变化来获得原子核信息的现代技术,是唯一能直接区分岩石中束缚流体和可动流体(水和油)并测定其所占孔隙体积的地球物理方法,信号几乎与岩石骨架无关,可以弥补其他测井方法无法避免的油气识别难题,它在石油勘探和开发中正在发挥日益增长的重要作用。

测井岩石物理测量核磁共振的目的主要有:
(1)定量表征储层岩石的孔隙度;(2)测量岩石的含油水饱和度;(3)获得孔隙结构的描述做储层分类;(4)获得 T_2 截止值等参数做可动流体分析;(5)评价地层的渗流特性;(6)获得油层、气层、水层的核磁共振响应特征开发定性识别油层、气层、水层等的方法以及确定关键参数;(7)其他未列出的应用;等等。

12.1 基本定义

根据量子力学理论,若将电磁波作用于原子核系统,当电磁波频率所决定的量子的能量 $h\nu$ 正好等于原子核两个相邻能级之间的能量差时,原子核就会吸收电磁波,引起核能态在两个相邻能级之间的跃迁,这就是核磁共振现象。

12.2 实验目的

(1)加深了解核磁共振的概念及研究意义;
(2)掌握岩石核磁共振实验测量原理和方法。

12.3 实验原理

氢核在外加静磁场 B_0 作用下被极化,形成平行于 B_0 方向宏观磁化矢量 M_0;在垂直于 B_0 的 XY 平面内施加固定频率(拉莫尔频率)的射频场 B_1,氢核发生共振,M_0 被转到 XY 平面;撤去 B_1,扳转后的 M_0 在 B_0 作用下恢复,XY 平面产生横向弛豫衰减信号(T_2 衰减,图 12.1),用 CPMG 序列采集该衰减信号。

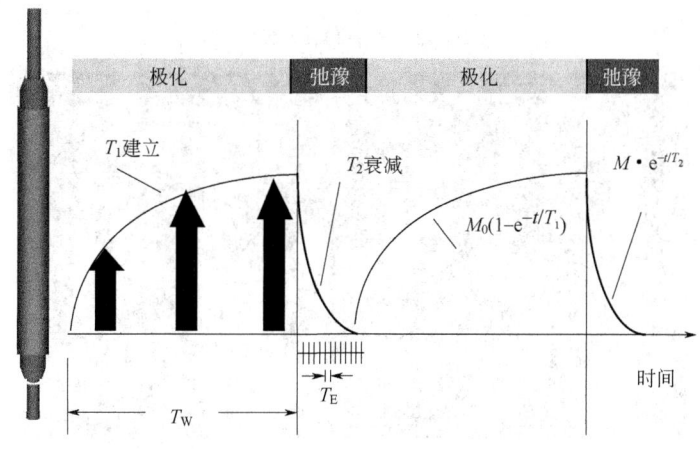

图 12.1 核磁共振原理图

CPMG 序列是测量 T_2 的最常用的脉冲序列,由 Carr、Purcell、Meiboom 和 Gill 设计,即:

$$90°x—\tau—180°y—\tau—\text{echo}—\tau—180°y—\tau—\text{echo}—\tau\cdots$$

首先,在 x 方向施加一个 90°脉冲,经 τ 时间后,在 y 方向(即相对于初始 90°x 脉冲相移 90°)施加一系列间隔相同的偶数个 180°y 脉冲,在 180°y 脉冲之间测量自旋回波(echo)信号,其时间间隔 $T_E=2\tau$,称之为回波间隔。

图 12.2 为 CPMG 序列的工作原理图。

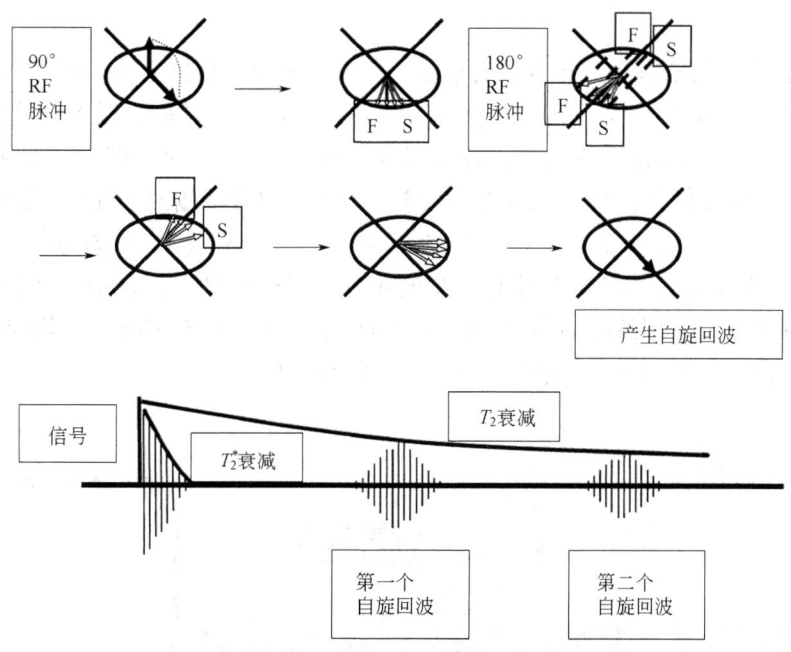

图 12.2 CPMG 序列的工作原理图

图 12.3 即为应用 CPMG 序列采集的回波串示例,这是核磁共振采集的原始数据。

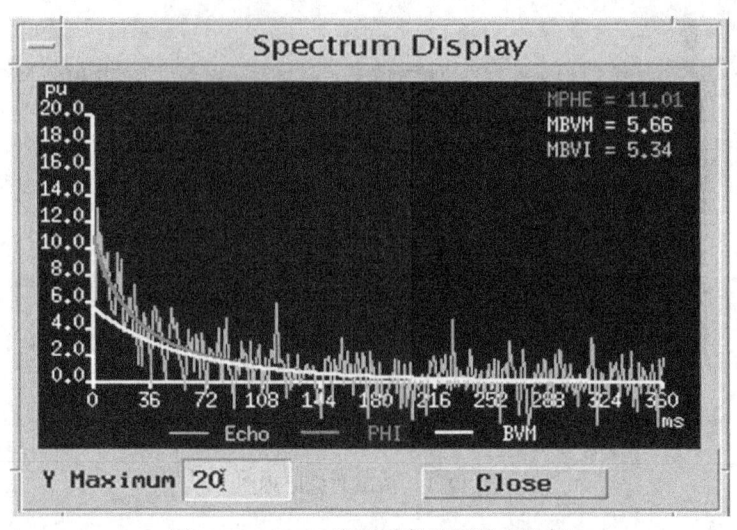

图 12.3 CPMG 序列采集的回波串示例

12.4 样品制备

将样品加工成标准柱塞样（不规则样品也可）。

12.5 实验器材

目前，商用的岩心核磁共振设备有很多。国外有牛津、布鲁克等厂商生产核磁共振设备，国内有纽迈、斯派克等厂商生产设备。这些设备在工作频率、磁场强度、磁场均匀度、信噪比等参数上都有一些差异，各具特色。图 12.4 是一款纽迈出产的 MicroMR02-1in 岩心核磁共振分析仪，是一款频率为 2MHz 的低场核磁共振分析仪。其主要参数为：(1) 磁场强度为 (0.05 ± 0.02)T；(2) 磁场均匀度≤300ppm；(3) 磁场稳定性≤300Hz/h；(4) 脉冲频率范围 1~30MHz，频率控制精度 0.1Hz，脉冲精度为 100ns；(5) CPMG 最多回波个数 18000，最短回波时间小于 160μs；(6) 采样速率为 50MHz，相位控制精度优于 0.1℃，时序分辨率为 20ns，频率分辨率为 0.0000007Hz。

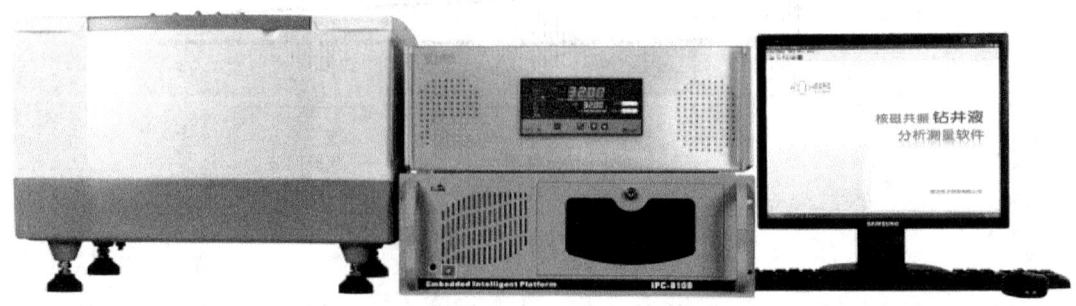

图 12.4 2MHz 岩心核磁共振分析仪

12.6 实验步骤

根据核磁共振实验的目的,核磁共振的实验内容有很多。本书主要介绍标准的核磁共振 T_2 谱实验测量方法。

下面结合 2MHz 岩心核磁共振分析仪实验操作规程,介绍具体实验流程。

(1) 首先进行定标,将装有花生油的试管放入核磁共振线圈中(图 12.5);

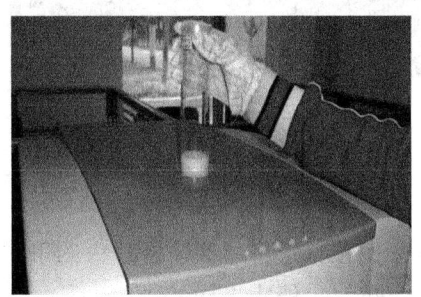

图 12.5 将样品放入磁体箱中

(2) 双击桌面上核磁软件,会弹出登录界面,输入密码,就会进入主界面(图 12.6);

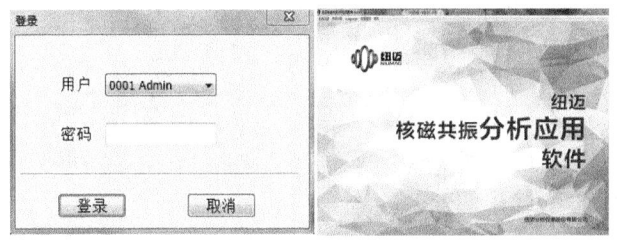

图 12.6 登录界面

(3) 点击系统设置按钮,进行参数设置,序列选项选择 Q-FID(图 12.7);

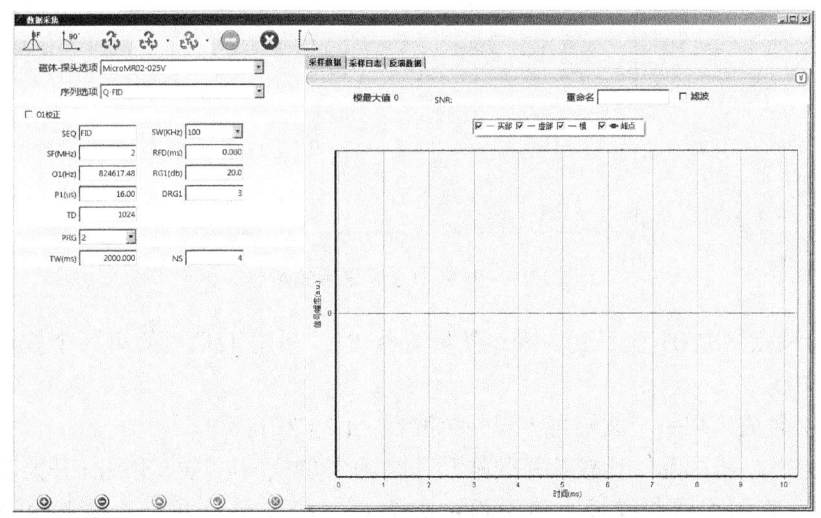

图 12.7 选择硬脉冲序列

(4) 打开射频单元电源（图12.8）；

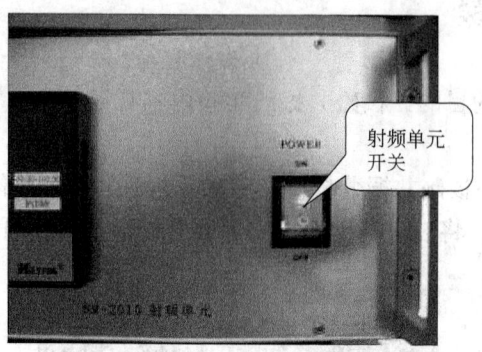

图12.8 射频单元电源位置

(5) 设置 RG1 为 20，DRG1 为 3，PRG 为 3，RFD 为 0.02（RG1、DRG1、PRG 和 RFD 都在参数设置界面的左边）；

(6) 单击工具栏的第 4 个按钮，进行单次采样，大约采样 10s；

(7) 单击工具栏的第 7 个按钮，停止采样；

(8) 单击工具栏的第 1 个按钮，软件将自动寻找中心频率即 SF1+O1（图12.9）；

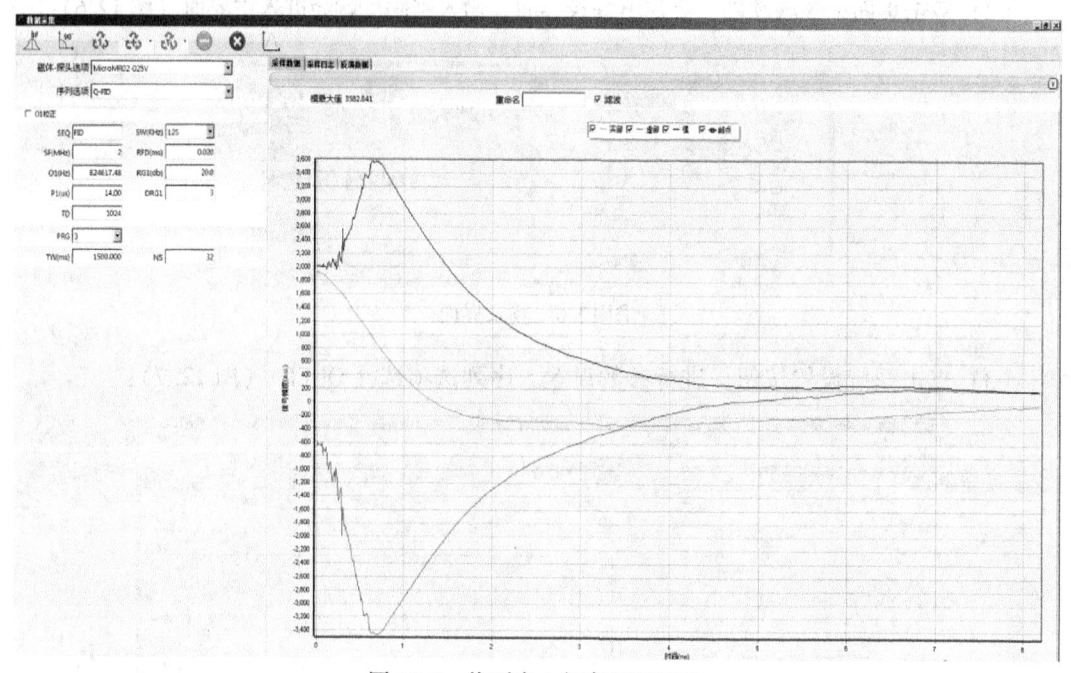

图12.9 找到中心频率后的图像

(9) 连续点三次 O1 值不变为准，然后寻找 P1，单击工具栏的第 2 个按钮，设置参数（图12.10）；

(10) 必须先出现一个波峰再出现一个波谷，P2 = 2P1；

(11) 放入一批样品中比较疏松的样品，来确定 TW，从 TW = 500ms 开始尝试，不断增加 TW 值，直到采样曲线最大值不再增大为止（经验值：页岩及致密砂岩为 3000~4000ms，常规砂岩 5000~6000ms，疏松砂岩大于 6000ms）；

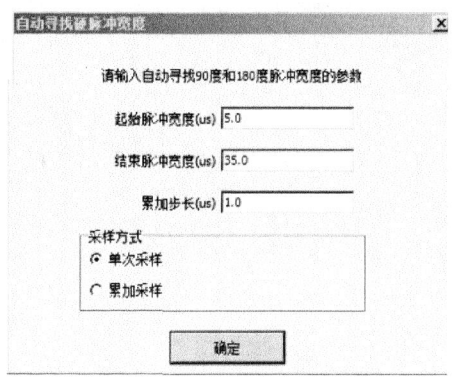

图 12.10　参数设置对话框

（12）新建一个新的 CPMG 队列，将 PRG=3，RG1=20，SW≥200，RFD=0.02，TE 设置尽量小（设置的时候比 6·P2 或 12·P1 稍大一点），NECH 根据样品峰点曲线进行增减，最终需保证峰点曲线衰减平滑（图 12.11）；

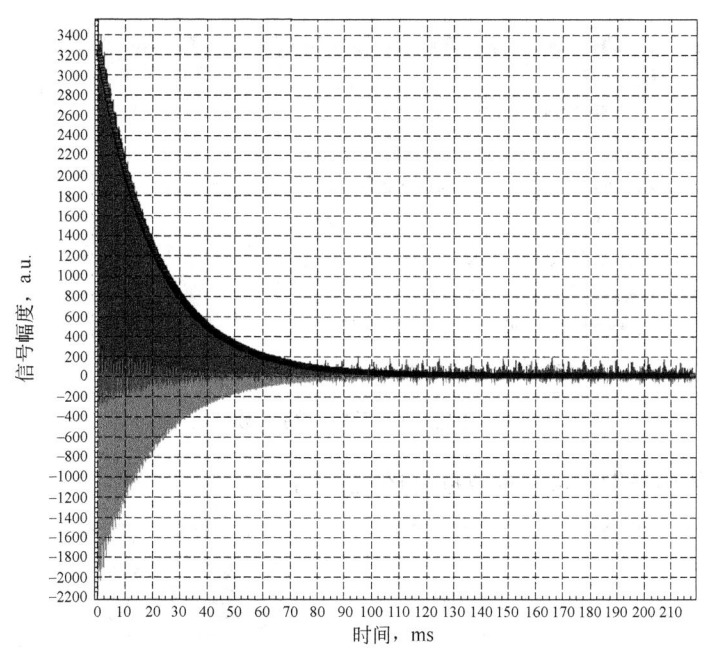

图 12.11　曲线衰减平滑图像

（13）点击所有项目右侧的按钮，选择定标，建立定标文件（图 12.12）；

（14）点击右侧+号，分别添加标样，输入孔隙度信息以及体积信息，选择新建的参数队列，NS=32，按照提示进行操作即可；

（15）定标完成后建立新项目，将样品放入线圈中，点击项目旁边的测量，输入样品号，点击确定，选择之前定好的标样，输入样品体积进行测量，测量结束后点击确定反演（图 12.13 中是反演参数设置画面）；

（16）反演完成后，点击新项目旁边的计算，输入样品号，点击确定，点击+号，点击样品右侧表格，选择测量的样品，计算出孔隙度；

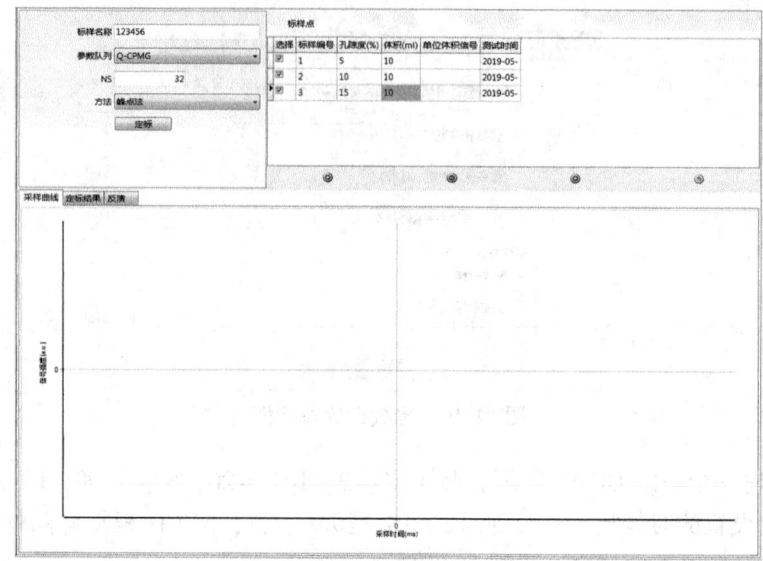

图 12.12 定标界面

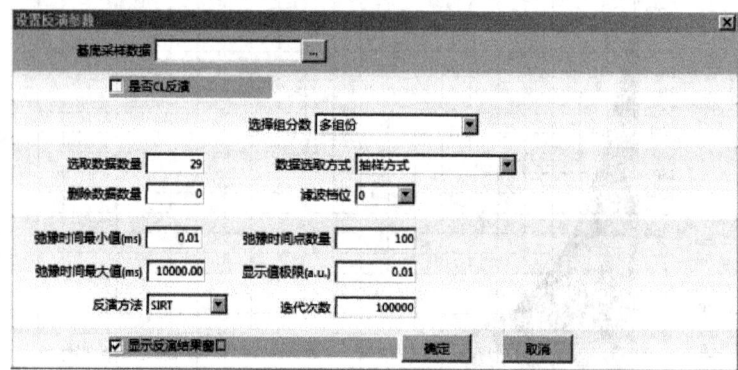

图 12.13 设置反演参数

（17）单击数据查询，可拷贝数据（图 12.14）。

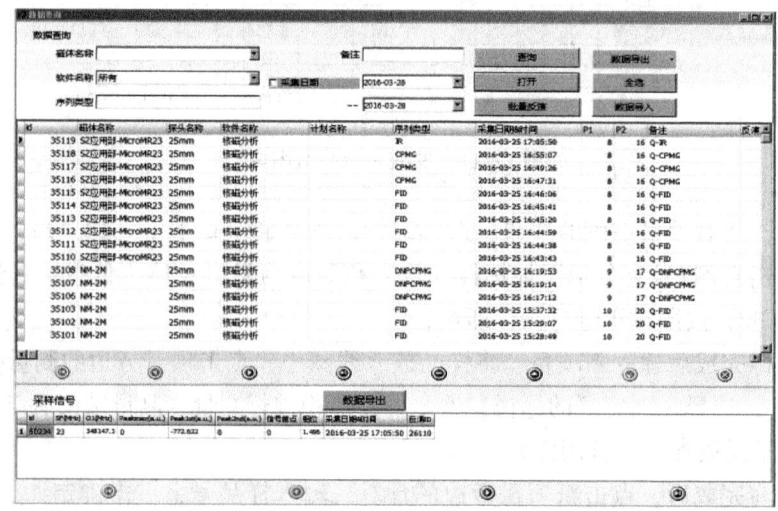

图 12.14 数据查询菜单

12.7 实验注意事项

(1) 仪器测试环境及误差要求遵循 SY/T 6490—2014 行业标准；

(2) 标准样品核磁共振实验测量的纵向弛豫时间 T_1 和横向弛豫时间 T_2，其衰减曲线初始幅度与标准谱的相对误差应小于 3%；

(3) 对所测岩石样品抽样重复测量进行检测，抽样率为 10%，最小抽样岩样数为两块，实验测量的纵向弛豫时间 T_1 和横向弛豫时间 T_2，其衰减曲线初始幅度重复测量的相对误差应小于 5%。

12.8 数据分析

仪器测量得到的原始数据见表 12.1。

表 12.1 核磁共振仪输出的部分原始数据

时间, ms	信号强度, a.u.	时间, ms	信号强度, a.u.
0.01	0.000003	0.021461	0.056888
0.010719	0.000011	0.023004	0.098785
0.01149	0.000033	0.024658	0.165321
0.012316	0.000099	0.026431	0.267233
0.013201	0.000269	0.028331	0.439442
0.01415	0.000700	0.030368	0.691578
0.015167	0.001679	0.032551	1.065328
0.016258	0.003793	0.034891	1.593518
0.017426	0.008116	0.037399	2.296910
0.018679	0.016254	0.040088	3.259112
0.020022	0.031079	0.04297	4.473811

根据得到的原始数据，做如下处理：

(1) 将原始数据中的饱和信号幅度—时间、离心信号幅度—时间合并到一个图中，如图 12.15 所示；

(2) 将表 12.1 的原始数据输入到数据处理模板中，即可得到 T_2 截止值等相关参数。

图 12.16 为某样品饱和水和束缚水（离心）的核磁共振实验报告。报告中，包括岩样的基本信息（井号、编号、井深、层位、直径、长度、干重、湿重、离心重、浮重、饱水法孔隙度、氦气法孔隙度、渗透率等）、测试条件（测试温度、等待时间、回波间隔、扫描次数、接收增益、回波个数）、实验测量结果（束缚水饱和度、饱和 T_2 几何平均值、离心 T_2 几何平均值以及 T_2 截止值）、饱和以及束缚水状态的核磁共振 T_2 衰减曲线图、饱和以及束缚水状态的核磁共振 T_2 谱分布图。

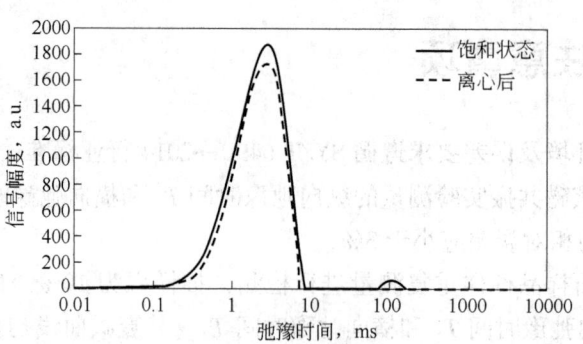

图 12.15 核磁共振饱和及离心 T_2 谱图

核磁共振 T_2 测试结果							
井 号	BNE-3	直径,cm	2.516	测试温度,℃	32	饱水孔隙度,%	15.03
岩样原编号	3-20/33	长度,cm	6.305	等待时间,s	5	氦孔隙度,%	—
实验室编号	平20A6	干重,g	69.195	回波间隔,ms	0.30	渗透率,$10^{-3}\mu m^2$	19.793
井深,m	1470.01	湿重,g	73.893	扫描次数	128	束缚水,%	49.98
层位	—	离心重,g	—	接收增益,%	80	岩性	—
矿化度,mg/L	9000	浮重,g	42.627	回波个数	2048	核磁共振测渗透率,$10^{-3}\mu m^2$	—
饱和核磁共振孔隙度,%	15.883			T_2 截止值	33.07	饱和 T_2 几何平均值	35.795
离心核磁共振孔隙度,%	7.9383					离心 T_2 几何平均值	11.711

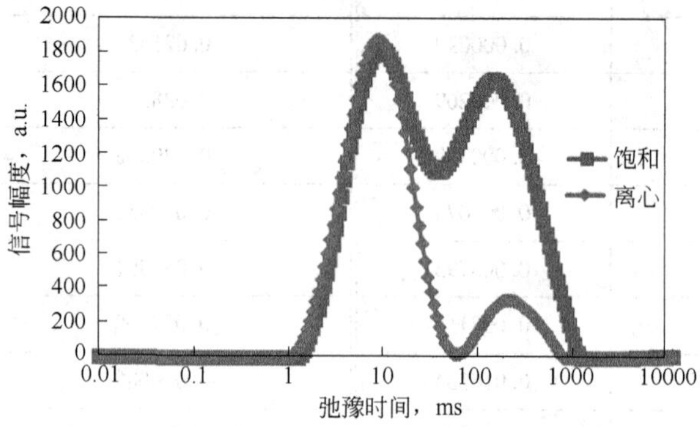

核磁共振T_2谱分布图

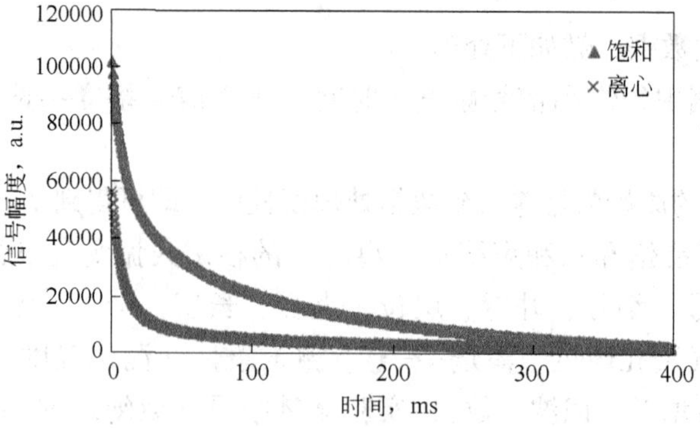

核磁共振T_2衰减曲线图

图 12.16 某岩样核磁共振实验报告

思考及作业题

1. 测井应用 T_1、T_2 的方法有哪些？都有哪些应用？

2. 采集参数 TW、TE 等如何设置？

3. 如果为了得到 T_2 截止值，应该如何开展实验？

4. 黏土如何影响 T_2 谱？在开展核磁共振孔隙度、渗透率、含油饱和度时应该做何考虑？

5. 原油的黏度如何影响 T_2 谱？对识别油水层以及估算渗透率有何影响？

6. 核磁共振 T_2 谱和压汞法孔隙结构分布的关系是什么？

7. 应用核磁共振计算渗透率受哪些因素影响？

8. 对于低阻等复杂油层，核磁共振如何应用？

第13章 相对渗透率实验测量

大部分的油气藏是油水、气水两相共存或者油气水三相共存状态。在孔隙中有两相以上流体共存时，由于流体流动时存在相互作用，只适用一相流体的绝对渗透率就不再适用了，需要使用相（有效）渗透率和相对渗透率来描述孔隙内流体的流动。

因此，相对渗透率是油气藏产能评价的重要参数。测井岩石物理测量相对渗透率的目的主要有：（1）定量表征储层岩石多相流体共存的渗流特征；（2）估计油藏的润湿性；（3）获得束缚水饱和度、残余油饱和度的定量表征，与其他参数联合建立束缚水饱和度与残余油饱和度的测井评价模型；（4）获得产水率与含水饱和度的实验统计关系以预测产水率；（5）作为输入参数，开展测井识别流体性质的可动水分析方法；（6）其他未列出的应用；等等。

13.1 基本定义

相渗透率，也称为有效渗透率，是指多相流体共存时，某一相流体通过岩石的能力。相渗透率与岩石孔隙本身的特性有关，又和流体性质、流体在孔隙中的微观分布及流体饱和度有关。

相对渗透率是指多相流体共存时，每一相流体的有效渗透率与绝对渗透率的比值。通常，把束缚水状态的油相渗透率作为油水、气水相对渗透率的绝对渗透率；束缚水状态的气相渗透率作为水气吸入相对渗透率的绝对渗透率；100%含水饱和度的水测渗透率作为气油相对渗透率的绝对渗透率。有时候，也取克氏渗透率作为绝对渗透率。

相对渗透率可以由稳态或非稳态实验求得，也可以由毛细管压力曲线计算得到。

13.2 实验目的

（1）加深了解岩石油水、气水两相共存的渗透率特性；
（2）掌握岩石相对渗透率测量原理和方法；
（3）了解有关岩石相对渗透率的实验结果及工程应用。

13.3 实验原理

13.3.1 稳态法

岩石中油水饱和度稳定时测定流体的流动压差和流量。

稳态法测定油—水相对渗透率的基本理论依据是一维达西渗流理论，并且忽略毛细管压力和重力作用，假设两相流体不互溶且不可压缩。实验时在总流量不变的条件下，将油水按一定流量比例同时恒速注入岩样，当进口、出口压力及油、水流量稳定时，岩样含水饱和度不再变化，此时油、水在岩样孔隙内的分布是均匀的，达到稳定状态，油和水的有效渗透率值是常数。因此可利用测定岩样进口、出口压力及油、水流量，由达西定律直接计算出岩样的油、水有效渗透率及相对渗透率值。用称重法或物质平衡法计算出岩样相应的平均含水饱和度。改变油水注入流量比例，就可得到一系列不同含水饱和度时的油、水相对渗透率值，并由此绘制出岩样的油—水相对渗透率曲线。

13.3.2 非稳态法

岩石中油水饱和度不稳定时测定流体的流动压差和流量。

非稳态法油—水相对渗透率是以 Buckley-Leverett 一维两相水驱油前缘推进理论为基础，忽略毛细管压力和重力作用，假设两相不互溶、流体不可压缩，岩样任一横截面内油水饱和度是均匀的。实验时不是同时向岩心中注入两种流体，而是将岩心事先用一种流体饱和，然后用另一种流体进行驱替。在水驱油过程中，油水饱和度在多孔介质中的分布是距离和时间的函数，这个过程称为非稳定过程。按照模拟条件的要求，在油藏岩样上进行恒压差或恒速度水驱油实验，在岩样出口端记录每种流体的产量和岩样两端的压力差随时间的变化，用"J.B.N."方法计算得到油—水相对渗透率，并绘制油—水相对渗透率与含水饱和度的关系曲线。

13.4 样品制备

将待测样品制备成标准柱塞样。通常，为了避免吸入端侵入效应和出口端的末端效应，样品的最佳长度为70mm左右。

13.5 实验器材

13.5.1 稳态法

图13.1是常用的稳态法实验装置框图。

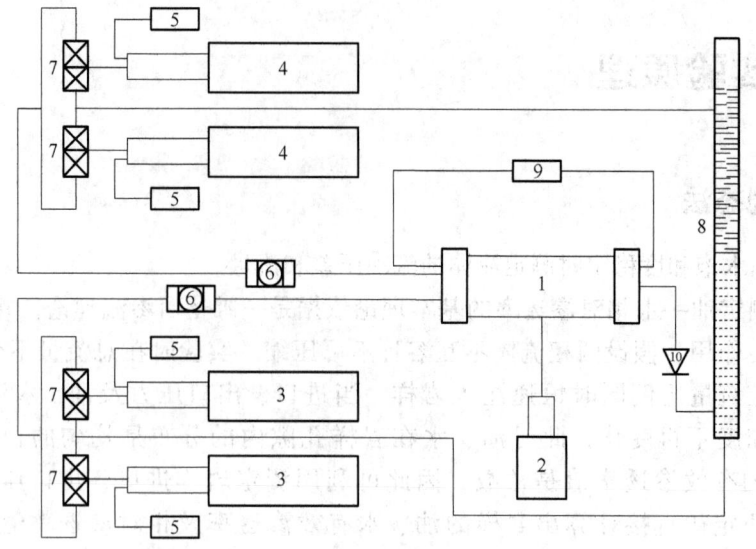

图 13.1 稳态法实验流程示意图

图 13.1 中，1 是岩心夹持器，用于给岩心施加围压、轴压、孔隙压及温度；2 是围压泵，用于对岩心施加围压；3 是水泵，用于将水注入岩心；4 是油泵，用于将油注入岩心；5 是压力传感器，用于计量驱替压力；6 是过滤器，用于除去水中的杂质（油）或除去油中的杂质（水）；7 是三通阀，用于多个通道流体的流动；8 是油水分离器，用于对油水进行分离，并计量油、水量变化；9 是压差传感器，用于计量岩心进口、出口的压力变化；10 是回压阀，用于控制岩心出口端压力。

13.5.2 非稳态法

图 13.2 是常用的非稳态法实验装置框图。

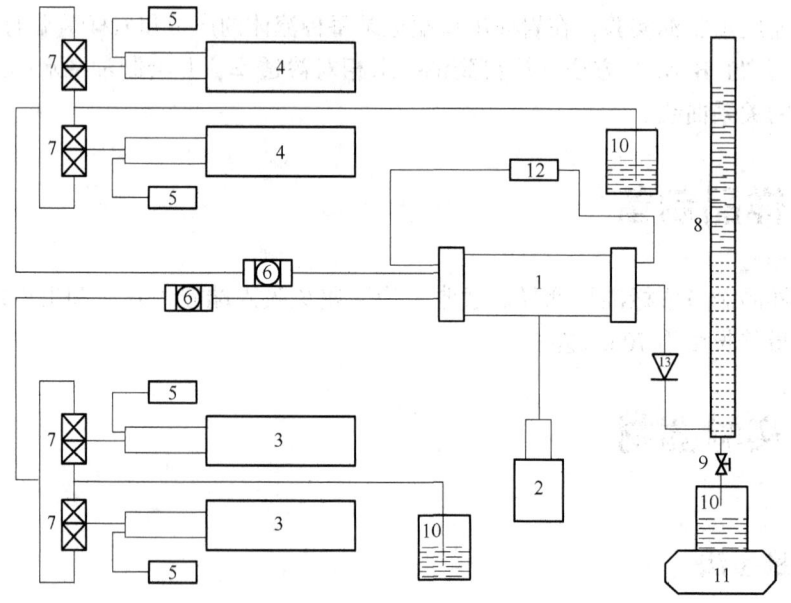

图 13.2 非稳态法实验流程示意图

图 13.2 中，1 是岩心夹持器，用于给岩心施加围压、轴压、孔隙压及温度；2 是围压泵，用于对岩心施加围压；3 是水泵，用于将水注入岩心；4 是油泵，用于将油注入岩心；5 是压力传感器，用于计量驱替压力；6 是过滤器，用于除去水中的杂质（油）或除去油中的杂质（水）；7 是三通阀，用于多个通道流体的流动；8 是油水分离器，用于对油水进行分离，并计量油、水量变化；9 是两通阀，用于连接油水分离器与烧杯；10 是烧杯，用于盛放水；11 是电子天平，用于称量水的质量；12 是压差传感器，用于计量岩心进口、出口的压力变化；13 是回压阀，用于控制岩心出口端压力。

测量装置上，气水相对渗透率测量时出口端一般采用排水法计量产气量和流量，与图示装置略有不同。

13.6 实验步骤

13.6.1 稳态法

稳态法的实验步骤如下：

（1）抽提清洗岩心，烘干岩心，抽真空饱和水（或油）。

（2）用油驱水法建立束缚水饱和度，先用低流速（一般为 0.1mL/min）进行油驱水，逐渐增加驱替速度直至不出水为止。束缚水饱和度按式（13.1）计算：

$$S_{ws} = \frac{V_p - V_w}{V_p} \times 100\% \qquad (13.1)$$

式中 S_{ws}——束缚水饱和度，%；

V_w——岩石内被驱出水的体积，cm^3；

V_p——岩石有效孔隙体积，cm^3。

（3）测定束缚水状态下的油相渗透率。新鲜岩样测定束缚水状态下的油相渗透率步骤如下：

① 将浸泡在原油中或煤油中的岩样在实验温度下恒温 2h 并抽空 1h 后，装入岩心夹持器中，并在实验温度下恒温 4h。

② 用实验油驱替达 10 倍孔隙体积后，测油相有效渗透率。连续测定三次，相对误差小于 3%。束缚水饱和度下的油相有效渗透率按式（13.2）计算：

$$K_o(S_{ws}) = \frac{q_o \mu_o L}{A(p_1 - p_2)} \times 10^2 \qquad (13.2)$$

式中 $K_o(S_{ws})$——束缚水状态下油相有效渗透率，mD；

q_o——油的流量，mL/s；

μ_o——在测定温度下油的黏度，mPa·s；

L——岩样长度，cm；

A——岩样截面积，cm^2；

p_1——岩样进口压力，MPa；

p_2——岩样出口压力，MPa。

将建立了束缚水饱和度或经过恢复润湿性的岩样装入岩心夹持器中用实验油驱替达10倍孔隙体积后,测定油相有效渗透率。其计算公式和测量次数及相对误差要求同新鲜岩样。

(4) 实验过程将油、水按设定的比例注入岩样,待流动稳定时,记录岩样进口、出口压力和油、水流量,称量岩样质量(用称重法时)或计量油水分离器中的油、水量变化(用物质平衡法时)。改变油水注入比例,重复上述实验的测量步骤直至最后一个油水注入比结束实验。

每一步骤的直接观测数据需要记录至表13.1、表13.2。

表13.1 稳态法相对渗透率原始记录表格(静态原始记录)

序号	项目	数据
1	样品编号	
2	岩石名称	
3	气体渗透率,mD	
4	孔隙体积,cm^3	
5	孔隙度,%	
6	原油黏度,mPa·s	
7	地层水黏度,mPa·s	
8	原始饱和油量,mL	
9	原始含油饱和度,%	
10	束缚水饱和度,%	
11	残余油饱和度,%	
12	最终水驱油效率,%	
13	实验温度,℃	
14	油相渗透率,mD	
15	注入速度,cm^3/min	
备注		

表13.2 稳态法相对渗透率原始记录表格(动态原始记录)

样品编号				测定日期		年 月 日	
实验温度		℃		注入速度		cm^3/min	
序号	时间 min	累积产液量 cm^3	水驱油量,cm^3		驱替压力 MPa	孔隙体积倍数	水驱油效率 %	备注
			油面读数	累计				
1								
2								
3								
4								
5								

续表

序号	时间 min	累积产液量 cm³	水驱油量,cm³ 油面读数	水驱油量,cm³ 累计	驱替压力 MPa	孔隙体积倍数	水驱油效率 %	备注
6								
7								
8								
9								
10								
11								
12								
13								

13.6.2 非稳态法

非稳态法的测量步骤如下：

（1）建立束缚水饱和度（同稳态法）；

（2）测定束缚水状态下油相有效渗透率，连续测定三次，相对误差小于3%；

（3）按照驱替条件的要求，选择合适的驱替速度或驱替压差进行水驱油实验；

（4）准确记录见水时间、见水时的累积产油量、累积产液量、驱替速度和岩样两端的驱替压差；

（5）见水初期，加密记录，根据出油量的多少选择时间间隔，随出油量的不断下降，逐渐加长记录的时间间隔，含水率达到99.95%时或注水30倍孔隙体积后，测定残余油下的水相渗透率，结束实验。

每一步骤的直接观测数据需要记录至表13.3、表13.4。

表13.3 非稳态法相对渗透率原始记录表格（静态原始记录）

序号	项目	数据
1	样品编号	
2	岩石名称	
3	气体渗透率,mD	
4	孔隙体积,cm³	
5	孔隙度,%	
6	原油黏度,mPa·s	
7	地层水黏度,mPa·s	
8	原始饱和油量,mL	
9	原始含油饱和度,%	
10	束缚水饱和度,%	

续表

序号	项目	数据
11	残余油饱和度,%	
12	最终水驱油效率,%	
13	实验温度,℃	
14	油相渗透率,mD	
15	注入速度,cm³/min	
备注		

表13.4 非稳态法相对渗透率原始记录表格（动态原始记录）

样品编号					测定日期		年　月　日	
实验温度		℃			注入速度		cm³/min	
序号	时间 min	累积产液量 cm³	水驱油量,cm³		驱替压力 MPa	孔隙体积倍数	水驱油效率 %	备注
			油面读数	累计				
1								
2								
3								
4								
5								
6								
7								
8								

13.7　实验注意事项

（1）岩样符合 GB/T 29172—2012 中的要求；

（2）测定束缚水饱和度下的油相的有效渗透率，连续三次测量值之间的相对误差不大于3%。

13.8　数据分析

13.8.1　稳态法

稳态法油—水相对渗透率按式(13.3)、式(13.4)、式(13.5) 和式(13.6) 计算：

$$K_{we}=\frac{q_w\mu_w L}{A(p_1-p_2)}\times 10^2 \tag{13.3}$$

$$K_{oe} = \frac{q_o \mu_o L}{A(p_1 - p_2)} \times 10^2 \tag{13.4}$$

$$K_{ro} = \frac{K_{oe}}{K_o S_{ws}} \tag{13.5}$$

$$K_{rw} = \frac{K_{we}}{K_o S_{ws}} \tag{13.6}$$

式中 q_w——水的流量，mL/s；

μ_w——在测定温度下水的黏度，mPa·s；

K_{we}——水相有效渗透率，mD；

K_{rw}——水相相对渗透率，mD；

K_{oe}——油相有效渗透率，mD；

K_{ro}——油相相对渗透率，mD。

13.8.2 非稳态法

非稳态法油—水相对渗透率和含水饱和度按式（13.7）、式（13.8）、式（13.9）、式（13.10）和式（13.11）进行计算：

$$f_o(S_w) = \frac{d\overline{V}_o(t)}{d\overline{V}(t)} \tag{13.7}$$

$$K_{ro} = f_o(S_w) = \frac{d[1/\overline{V}(t)]}{d\{1/[I \cdot V(t)]\}} \tag{13.8}$$

$$K_{rw} = K_{ro} \cdot \frac{\mu_w}{\mu_o} \cdot \frac{1 - f_o(S_w)}{f_o(S_w)} \tag{13.9}$$

$$I = \frac{Q(t)}{Q_o} \cdot \frac{\Delta p_o}{\Delta p(t)} \tag{13.10}$$

$$S_{we} = S_{ws} + \overline{V}_o(t) - \overline{V}(t) \cdot f_o(S_w) \tag{13.11}$$

式中 $f_o(S_w)$——含油率；

$\overline{V}_o(t)$——无因次累积采油量，以孔隙体积的分数表示；

$\overline{V}(t)$——无因次累积采液量，以孔隙体积的分数表示；

K_{ro}——油相相对渗透率，mD；

K_{rw}——水相相对渗透率，mD；

I——相对注入能力，又称流动能力比；

Q_o——初始时刻岩样出口端面产液流量的数值，cm³/s；

$Q(t)$——t 时刻岩样出口端面产液流量，恒速法实验时 $Q(t) = Q_o$，cm³/s；

Δp_o——初始驱动压差，MPa；

$\Delta p(t)$——t 时刻驱替压差的数值，恒压法实验时 $\Delta p(t) = \Delta p_o$，MPa；

S_{ws}——束缚水饱和度，%；

S_{we}——岩样出口端面含水饱和度，%。

表 13.1 至表 13.4 是稳态法、非稳态法实验记录表格实例。表格中主要记录了样品孔隙度、气体渗透率、油水黏度、温度、压力等参数。图 13.3、图 13.4、图 13.5 分别是稳态法和非稳态法实验测量报告。

一、基础数据

井号：BN-8 井

项目	数据	项目	数据
岩样号	平 20A22	实验温度，℃	25
岩样长度，cm	4.758	孔隙度，%	24.13
岩样直径，cm	2.516	空气渗透率，mD	1375.46
束缚水饱和度，%	20.05	饱和水矿化度，mg/L	9000
残余油饱和度，%	26.10	注入水矿化度，mg/L	9000
		实验压力，MPa	10

二、实验数据

含水饱和度	油相相对渗透率 K_{ro}	水相相对渗透率 K_{rw}	含水率
0.20	1.00	0.00	0.00
0.25	0.79	0.04	0.21
0.31	0.56	0.08	0.39
0.38	0.41	0.12	0.57
0.45	0.26	0.17	0.75
0.51	0.16	0.22	0.87
0.56	0.09	0.25	0.93
0.63	0.03	0.29	0.98
0.69	0.01	0.31	0.99
0.74	0.01	0.32	1.00

备注：

三、实验曲线

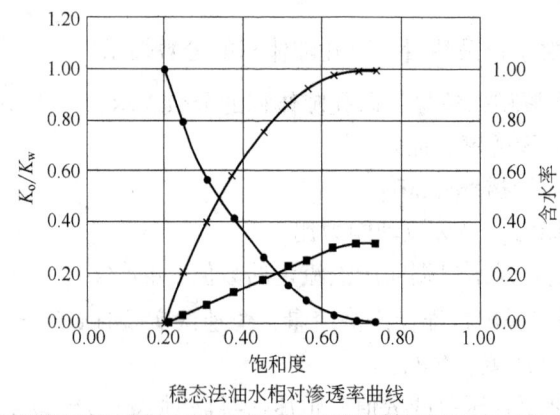

稳态法油水相对渗透率曲线

图 13.3 稳态法岩样油水相对渗透率测量结果

一、基础数据

井号：BN-8 井

项目	数据	项目	数据
岩样号	平 20A22	实验温度,℃	25
岩样长度,cm	3.758	孔隙度,%	27.03
岩样直径,cm	2.516	空气渗透率,mD	2375.46
束缚水饱和度,%	27.05	饱和水矿化度,mg/L	9000
残余油饱和度,%	21.10	注入水矿化度,mg/L	9000
		实验压力,MPa	10

二、实验数据

含水饱和度	油相相对渗透率 K_{ro}	水相相对渗透率 K_{rw}	含水率
0.27	1.00	0.00	0.00
0.30	0.82	0.02	0.12
0.37	0.55	0.08	0.40
0.42	0.42	0.12	0.56
0.49	0.31	0.16	0.71
0.65	0.16	0.26	0.88
0.70	0.13	0.27	0.91
0.75	0.07	0.29	0.95
0.79	0.01	0.33	1.00

备注：

三、实验曲线

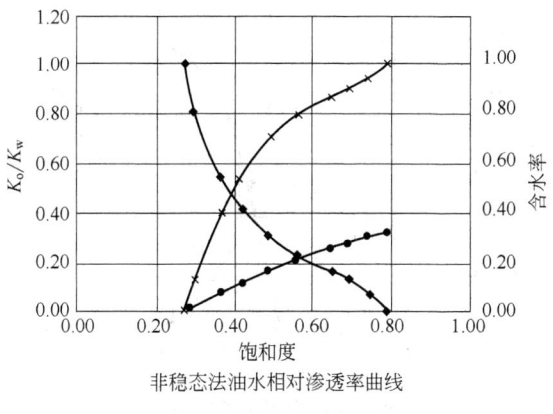

非稳态法油水相对渗透率曲线

图 13.4 非稳态法岩样油水相对渗透率测量结果

一、基础数据

井号：BNE-3井

项目	数据	项目	数据
岩样号	平20A6	实验温度,℃	25
岩样长度, cm	6.305	孔隙度,%	15.03
岩样直径, cm	2.516	空气渗透率, mD	19.793
束缚水饱和度,%	48.97	饱和水矿化度, mg/L	9000
残余油饱和度,%	18.18	注入水矿化度, mg/L	9000
		实验压力, MPa	10

二、实验数据

含水饱和度	油相相对渗透率 K_{ro}	水相相对渗透率 K_{rw}	含水率
0.49	1.00	0.00	0.00
0.52	0.81	0.04	0.17
0.56	0.53	0.09	0.44
0.60	0.38	0.14	0.64
0.63	0.29	0.18	0.74
0.67	0.18	0.23	0.86
0.70	0.13	0.28	0.91
0.73	0.09	0.32	0.94
0.77	0.06	0.37	0.97
0.82	0.01	0.45	1.00

三、实验曲线

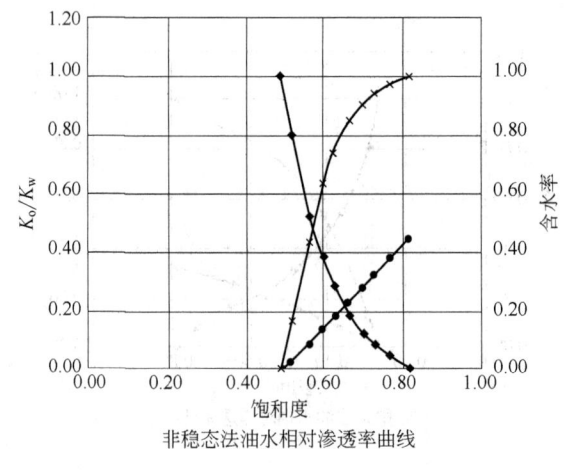

非稳态法油水相对渗透率曲线

图13.5 非稳态法岩样油水相对渗透率测量结果

思考及作业题

1. 稳态法相对渗透率测量含油水饱和度计量的关键问题是什么？如何解决？
2. 相对渗透率曲线是否受油水流度比的影响，影响规律如何？
3. 如果用低于实际油藏黏度的原油或者炼制油造束缚水饱和度会发生什么？实际实验中可以采取何种方法获得合适的束缚水饱和度？
4. 相对渗透率曲线测量中确定的束缚水饱和度与压汞法确定束缚水饱和度哪一个更合理？
5. 用相对渗透率曲线资料可确定哪几项油田开发动态数据？

附录

附录 A 相关物理化学基础知识

A.1 有关常用物理量的概念

A.1.1 压力

1. 压力的概念

外力 F 与受力面积 A 之比称为压力 p，用公式表示为

$$p = F/A \tag{A.1}$$

式中 F——作用力，N；

A——横截面积，m^2。

压力的基本单位为帕（Pa），即 $1m^2$ 面积上所受的力为 1N 时的压力为 1Pa。在实际应用中，多用千帕（kPa）和兆帕（MPa）。在工程技术中，常用绝对压力和表压力来表示压力。绝对压力 p_1 是指作用于单位面积上的全部压力，即包括自然大气压力 p_0。表压力 p 是压力表显示压力，是相对压力，即绝对压力超出大气压力 p_0 时的压力。它们之间的关系为

$$p = p_1 - p_0 \tag{A.2}$$

当绝对压力低于大气压力时，称为负压 p_2，也称真空度，其关系式为

$$p_2 = p_0 - p_1 \tag{A.3}$$

两个压力的差称为压差，用 Δp 表示。测量压力的仪表称为压力表。测量负压的仪表称为真空表。在一些进口仪器中，压力的度量有的用 bar（大气压，$10^5 Pa$）和毫米汞柱（mmHg）表示。

2. 大气压

地球的大气层中，大气对内部物体的压力称为大气压力，简称大气压。大气压是由于大气层受到重力作用而产生的，离地面越高，空气越稀薄，大气压力越小。大气压不但随高度变化，在同一地点也不是固定不变的。通常把等于 101.325kPa 的大气压称为标准大气压，101.325kPa = 760mmHg。

A.1.2 温度和湿度

1. 温度与温标

温度是表示物体冷热程度的参量,测量温度的仪表称为温度计。衡量温度的标尺称为温标。温度测量有几种不同的温标:(1)摄氏温标。将冰点定为 0 摄氏度(℃),水沸点定为 100℃,两点之间等分 100 格,每格为 1℃。(2)热力学温标。国际单位制中,以热力学温标表示温度称为热力学温度(或绝对温度)。热力学温度用 T 表示,单位是开尔文,简称开。热力学温度 T 和摄氏温度 t 的关系为

$$T = t + 273.15 \tag{A.4}$$

2. 湿度

通常用空气里的水蒸气的含量来表示空气的干湿程度,单位体积空气里所含水蒸气的质量称为空气的绝对湿度,单位为 g/m^3。某温度下空气的绝对湿度与同一温度下的最大绝对湿度之比,称为空气的相对湿度,一般用百分数表示。

A.1.3 质量和密度

1. 质量

物体中所含物质的多少称为质量。物体的质量不随形状、状态和位置而改变。质量单位常用千克(kg)、克(g)、毫克(mg)来表示。

2. 密度

单位体积物质的质量称为这种物质的密度。通常用 ρ 表示密度,m 表示质量,V 表示体积,密度的单位常用 kg/m^3 和 g/cm^3 表示。计算密度的公式可以写为

$$\rho = m/V \tag{A.5}$$

液体的密度一般采用密度计测定。液体的密度与温度有关,在某一温度下所观测到的密度称为视密度。相对密度是在国际单位制中用以取代"比重"这一量的新名称。其定义为在共同的特定条件下某一物质的密度与另一参考物质的密度之比。

A.1.4 浮力与阿基米德原理

液体对浸在液体中的物体有向上托起的力,这个力称为浮力。浮力是由于上下两面的深度差异导致的液体压力差产生的。浮力的大小等于物体排开液体受到的重力(阿基米德原理)。浮力可以用公式表示为

$$F_{浮} = G_{排} = \rho_{液} g V_{排} \tag{A.6}$$

阿基米德原理也适用于气体,浸没在气体里的物体受到浮力的大小,等于它排开的气体受到的重力。

A.1.5 黏度

黏度是指气体或液体流动时,由流体层间存在相对运动引起的内摩擦阻力。它的量值表示流体流动的难易程度。黏度有动力黏度、运动黏度两种。

1. 动力黏度

面积为 $1 cm^2$,并相距 $1 cm$ 的两层液体,当其中的一层液体以 $1 cm/s$ 的速度与另一层液体作相对运动时,所产生的内摩擦力的大小,在数值上就等于该液体该条件下的动力黏度。动力黏度用符号 μ 表示,单位是 $Pa \cdot s$,实际工作中常用 $mPa \cdot s$($10^{-3} Pa \cdot s$)。

2. 运动黏度

气体或液体的动力黏度与同温度下密度的比值为运动黏度,单位是 m^2/s。

A.1.6 其他有关物理量

(1) 容量指一容器可容纳物质的体积,单位是 L、mL。

(2) 流量指单位时间内通过某一截面积的流体的体积或质量,单位是 m^3/s 或 kg/s。

(3) 截面积指一个物体在横向上或纵向上的断面积,单位 m^2。

(4) 饱和蒸气压。若相同时间内从液体里飞出去的分子数等于返回液体的分子数,这时液面上方气密度就不再改变,液体也不会减少,液体和气体达到了一种平衡状态,这种状态称为动态平衡。与液体处于动态平衡的气体称为饱和蒸气。某种液体的饱和蒸气的压力,称为这种液体的饱和蒸气压。

(5) 水露点(简称露点)。绝对湿度不变,温度降低时,相对湿度也会增大。当气温降低到某一温度时,空气里未饱和的水蒸气就会变成饱和水蒸气,这时水蒸气开始凝结,出现细小的露滴。把使空气里的水蒸气饱和并析出第一滴水滴时的温度称为露点。

A.1.7 气体状态

1. 气体状态参数和理想气体

描述气体状态的物理量是气体的温度、体积和压力,这些物理量称为气体的状态参数。

(1) 气体的体积指气体分子所能达到的空间,是气体所充满容器的容积,一定质量的气体,体积越小,气体分子的密度就越大。体积的单位有 m^3、cm^3 等。

(2) 气体的压力指容器中的气体分子在做无规则运动时不断碰撞器壁对器壁施加的压力。对一定质量的气体,它的温度、体积和压力这三个量的变化是互相关联的。如果温度、体积和压力这三个量都不改变,就说气体处于一定的状态中,如果三个量中有两个改变了或者三个都改变了,气体的状态发生变化。只有一个量改变而其他两个量都不改变的情况是不会发生的。

2. 理想气体的状态方程

当气体分子的体积和分子之间的引力忽略不计,就得到了一种理想气体。一定质量的理想气体,由第一种状态 (p_1, V_1, T_1) 变化到第二种状态 (p_2, V_2, T_2) 压力和体积的乘积与热力学温度的比值是不变的,即有

$$\frac{p_1 V_1}{T_1} = \frac{p_2 V_2}{T_2} = \text{const} \tag{A.7}$$

这就是一定质量的理想气体的状态方程。

思考及作业题

1. 解释名词:压力、真空度、温度、相对湿度、质量、密度、流量、动力黏度。
2. 什么是大气压力和标准大气压?
3. 阿基米德原理是什么?
4. 黏度及其分类和单位名称各是什么?
5. 气体状态的参数有几个?它们的单位、单位之间的换算关系是什么?

6. 热力学温标是如何定义的？热力学温度与摄氏度的关系怎样？

7. 理想气体的状态方程是什么？

8. 已知气温20℃、大气压0.105MPa时，测试流程中压力表的显示值为0.4MPa，求此时流程中的绝对压力和热力学温度。

A.2 有关化学知识

A.2.1 化学常用的量

1. 相对原子质量

以 ^{12}C 原子质量的 1/12 作标准，元素的平均原子质量与 ^{12}C 原子质量的 1/12 之比，就是这种元素的相对原子质量。

2. 相对分子质量

物质的分子或特定单元的平均质量与 ^{12}C 原子质量的 1/12 之比，就是该物质分子的相对分子质量。例如：五水合硫酸铜（$CuSO_4 \cdot 5H_2O$）的相对分子质量是249.5。其计算方法为 63.5+32+4×16+5×(2×1+16)=249.5。

3. 平均相对分子质量

混合物中各成分的相对分子质量的平均值，称为平均相对分子质量。

4. 物质的量

摩尔是表示物质的量的单位。某物质系统中所含的基本单元数等于阿伏伽德罗常数的数值（$6.02×10^{23}$）时，则该系统物质的量就是1摩尔。物质的基本单元可以是分子、原子、离子、质子、中子、电子以及其他微粒或这些微粒的特定组合。使用"摩尔"这个单位时，必须指明其基本单元。"摩尔"的中文名称可简化为"摩"，符号是mol。

例如：$6.02×10^{23}$ 个H原子、H_2 分子或 NH_4^+ 离子，就是1mol H、1mol H_2 或 1mol NH_4^+。

5. 摩尔质量

摩尔质量是指物质的质量除以物质的量。也常说，1摩尔某物质的质量称为该物质的摩尔质量，摩尔质量的单位是g/mol。任何一种分子的摩尔质量，在数值上等于该分子的相对分子质量。例如：H_2SO_4 的摩尔质量为98g/mol；O_2 的摩尔质量为32g/mol。任何一种原子的摩尔质量，若以g/mol为单位，在数值上等于该原子的相对原子质量。

6. 气体摩尔体积

在标准状况下（0℃、101.325kPa），1mol任何气体所占的体积都约为22.4L，这个体积称为气体摩尔体积。

A.2.2 有关化学计算

1. 化合物某元素百分含量的计算

某元素百分含量＝该元素的原子个数×相对原子质量/化合物的相对分子质量×100%

(A.8)

2. 物质的量的计算

$$物质的量(mol) = 物质的质量(g)/摩尔质量(g/mol)$$

(A.9)

$$\text{物质的量(mol)} = \text{标准状况下气体体积(L)}/22.4\text{(L/mol)} \tag{A.10}$$

3. 固体溶解度的计算

一种物质溶解在另一种物质里的能力称为溶解性。溶解性的大小跟溶质和溶剂的性质有关。通常用溶解度来表示物质的溶解性。在一定温度下，某物质的溶解度写为

$$\text{溶解度} = \text{饱和溶液中溶质的质量}/\text{饱和溶液中溶剂的质量} \times 100\% \tag{A.11}$$

4. 溶液浓度的计算

一种或一种以上的物质分散到另一种物质里，形成均一的、稳定的混合物称为溶液。能溶解其他物质的液体称为溶剂，被溶解在溶剂中的物质称为溶质。

一定量的溶液里所含溶质的量称为溶液的浓度，表示溶液浓度的方法很多，常用的有质量分数、体积分数、摩尔浓度等。

在下述溶液浓度计算及溶液配制中，将使用下列符号表示有关量：C_B 为溶液的摩尔浓度，mol/L；M 为溶质的摩尔质量，g/mol；m 为溶质的质量，g；V 为溶液的体积，L；X 为溶液的质量，g；ρ 为溶液的密度，g/cm³；W 为溶液的质量，%。

（1）质量分数：用溶质的质量占全部溶液质量的百分比来表示的溶液的浓度。

$$W = m/X \times 100\% \tag{A.12}$$

例如：食盐溶液的浓度等于10%，表示100g溶液里含有10g食盐和90g水。

若已知溶液的密度 ρ(g/cm³)、体积 V(mL) 和所含的溶质 m(g)，则这种溶液的质量分数可按下式计算：

$$W = m/(V \cdot \rho) \times 100\% \tag{A.13}$$

（2）体积分数：以溶质的量占整个溶液总体积的百分数表示。

（3）摩尔浓度：在1L溶液中所含溶质的物质的量，用符号 C_B 表示，单位是mol/L。

例如：1mol氯化钠的质量是58.5g，把58.5g氯化钠溶解在适量水里配制成1L溶液，它的摩尔浓度就是 $C(\text{NaCl}) = 1\text{mol/L}$。

例题：计算配制 300mL $C(\text{NaOH}) = 0.1\text{mol/L}$ 的溶液所需 NaOH 的量。

解：0.1mol NaOH 的质量 = 40g/mol × 0.1mol = 4g

300mL $C(\text{NaOH}) = 0.1\text{mol/L}$ 的溶液所含 NaOH 的质量为

$$4g \times 300\text{mL}/1000\text{mL} = 1.2g$$

若已知溶质的质量为 m，其摩尔质量为 M，溶液的体积为 V，则该溶液的摩尔浓度为

$$C_B = m/M/V \times 1000 \tag{A.14}$$

若已知溶液的质量分数 W，则溶液的摩尔浓度为

$$C_B = 1000\rho \cdot W/(M \cdot V) \tag{A.15}$$

若已知摩尔浓度 C_B，可由下式计算其质量分数：

$$W = C_B \cdot M \cdot V/(1000\rho) \tag{A.16}$$

A.2.3 溶液的配制

1. 标准溶液与一般溶液

在实际工作中用到的溶液，按用途可分为标准溶液和一般溶液。用来测定物质含量的具有准确浓度的溶液称为标准溶液。用来控制实验条件，在样品的处理、分离、吸收等操作使用的，其浓度不要求很准确的溶液称为一般溶液。

2. 溶液的 pH 值

溶液的酸性和碱性都可以用 $[H^+]$ 来表示，当 $[H^+]$ 大于 $10^{-7}M$ 时，表示溶液显酸性，当 $[H^+]$ 小于 $10^{-7}M$ 时，表示溶液显碱性，但浓度很小的溶液用这样的表示方法很不方便，因此化学上常采用 H^+ 浓度的负对数来表示溶液的酸碱性，称为溶液的 pH 值。pH 值的计算关系式为

$$pH = -\lg[H^+]$$

pH 值与溶液酸碱性的关系如下：

pH=7，溶液呈中性，此时 $[H^+]=[OH^-]=1\times10^{-7}M$；

pH<7，溶液呈酸性，此时 $[H^+]>1\times10^{-7}M$；

pH>7，溶液呈碱性，此时 $[H^+]<1\times10^{-7}M$。

溶液的酸性越强，pH 值越小；溶液的碱性越强，pH 值越大。

测定 pH 值的较简便的方法是使用 pH 试纸，用玻璃棒蘸取待测溶液滴在一小块 pH 试纸上，把试纸上显出的颜色与标准比色卡相比，就可以确定该溶液的 pH 值。测定 pH 值最精确的方法是用 pH 计。

3. 一般溶液的配制

1）以质量分数表示的溶液的配制

（1）用固体溶质配制百分比浓度溶液。根据质量分数的定义，在天平上称取溶质 m 克（$m=X\cdot W$），所用溶剂质量应为（$X-m$）克。如以水为溶剂，一般近似认为水的密度为 $1g/cm^3$，用量筒量取（$X-m$）毫升体积的水，将溶质加入其中，完全溶解即可。

（2）用较浓的液体试剂配制较稀的溶液。由于浓溶液的取用量以量取体积较为方便，故一般需查阅酸、碱溶液的浓度与密度关系表，查得溶液密度 ρ，计算出体积 V，然后进行配制。计算的依据是所取浓溶液中溶质的质量和所配的一定体积的溶液中溶质的质量相等。

$$\rho_1 \cdot V_1 \cdot W_1 = \rho_2 \cdot V_2 \cdot W_2$$
$$V_1 = \rho_2 \cdot V_2 \cdot W_2 / (\rho_1 \cdot W_1) \tag{A.17}$$

其他定义的百分比浓度溶液的配制所需溶质和溶剂的量也可根据浓度定义推导出来。

（3）两种不同百分比浓度的溶液混合配制所需浓度的溶液。这类问题计算的依据仍是两种已知浓度溶液中所含溶质质量之和等于配制后溶液中溶质的质量。

2）以摩尔浓度表示的溶液的配制

溶质为固体的溶液的配制方法：根据浓度的定义，计算出所需溶质的克数，设所需溶质的质量为 m，其摩尔质量为 M，溶液的体积为 V 毫升，配制摩尔浓度为 C_B 所需溶质质量为

$$m = M \cdot C_B \cdot V / 1000 \tag{A.18}$$

3）饱和溶液的配制

饱和溶液配制的一般步骤为：

（1）查出该溶质在室温下的溶解度；

（2）计算所需溶质和溶剂的用量；

（3）称取比计算量约多 10% 的溶质并全部溶解至溶剂中（需加热），冷却至室温后，取其澄清液使用。

4. 标准溶液的制备和标定

1) 配制标准溶液的方法

标准溶液的配制，通常有直接配制法和间接配制法（又称标定法）。

（1）直接配制法。

准确称取一定质量的物质，溶解于适量水后移入容量瓶中，用水稀至刻度，然后根据称取物质的质量和容量瓶的体积即可算出该标准溶液的准确浓度。在分析化学上，凡是符合下列条件的化学试剂称为基准物质（或称基准试剂），只有基准试剂才可以用来直接配成标准溶液：

① 在空气中稳定，例如加热干燥时不分解，称量时不吸湿，不吸收空气中的 CO_2，不易被空气氧化等。

② 纯度较高（一般要求纯度在 99.9% 以上），杂质含量少到可以忽略（0.01%~0.02%）。

③ 实际组成应与化学式完全符合。若含结晶水，其结晶水的含量也应与化学式符合。

（2）间接配制法。

很多物质不符合基准物质的条件，如：NaOH 易吸收空气中的水分和 CO_2，因此计算得到的质量不能代表氢氧化钠的真正质量；浓盐酸易挥发、组成不定（恒沸点盐酸除外）等。因此这些物质必须采用间接法制备标准溶液。首先，配制一近似所需浓度的溶液；然后，用基准物质或已知浓度的标准溶液来确定其准确浓度，这个过程称为标定。

2) 标准溶液浓度的标定

标定标准溶液的方法有用基准物质标定和与标准溶液进行比较标定两种。

（1）用基准物质标定。

称取一定量的基准物质，溶解后用待标定的溶液滴定，然后根据基准物质的质量及待标定溶液所消耗的体积，即可算出待标定溶液的准确浓度。大多数标准溶液是通过标定的方法确定其准确浓度的。

（2）与标准溶液进行比较标定。

准确吸取一定量的待标定溶液，用已知准确浓度的标准溶液滴定，或者准确吸取一定量的已知准确浓度的标准溶液，用待标定溶液滴定。根据两种溶液所消耗的毫升数及标准溶液的浓度，就可计算出待标定溶液的准确浓度。这种用标准溶液来测定待标定溶液准确浓度的操作过程称为"比较"。在实际工作中，还常用"标准试样"来标定标准溶液。

标定时，不论采用哪种方法，一般要求应平行做 3~5 次，相对偏差不大于 0.2%。配制和标定溶液时用的量器具（如滴定管、移液管和容量瓶等），都要进行校验。

A.2.4 配制溶液注意事项

（1）分析实验所用的溶液使用纯水配制，容器用纯水洗三次以上。特殊要求的溶液应事先作纯水的空白值检验。

（2）试剂溶液必须有标明名称、规格、浓度和配制日期的标签。

（3）溶液储存方法可参照有关化学试剂的储存方法。

（4）配制溶液过程中的安全注意事项可参见附录 D 的有关内容。

思考及作业题

1. 解释名词：原子团、元素、纯净物、混合物、单质、化合物、相对原子质量、相对分子质量、摩尔、摩尔质量、气体摩尔体积、悬浮液、溶液、固体的溶解度。
2. 构成物质的微粒有哪些？
3. 什么是物理变化、化学变化？
4. 什么是物理性质、化学性质？
5. 在化学中物质是怎样分类的？
6. 根据无机化合物的组成和性质不同，一般将其分为哪几个主要类别？
7. 有机物中的烃类是如何分类的？
8. 摩尔质量与相对原子质量、相对分子质量的关系是怎样的？
9. 表示溶液浓度的常用方法有哪些？
10. 标准溶液与一般溶液各有什么用途？
11. 什么叫溶液的 pH 值？它跟溶液酸碱性的关系如何？
12. 配制饱和溶液的一般步骤是什么？
13. 标准溶液的配制方法有几种？使用条件是什么？
14. 标定标准溶液的方法有几种？标定时的一般要求是什么？
15. 在 20℃ 时，某物质在 20g 水中溶解 37.2g 达到饱和，计算这种物质在 20℃ 时的溶解度。
16. 要配制 40g、20% 的稀硫酸，需要用 98% 的浓硫酸和水各多少克？
17. 40℃ 时，硫酸铜饱和溶液的百分比浓度是 15.43%，计算 40℃ 时硫酸铜的溶解度。
18. 氯化钾在 20℃ 时的溶解度是 34g，计算 20℃ 时氯化钾饱和溶液的浓度。

附录 B　正确记录和计算实验数据

B.1　正确记录实验数据

正确记录实验数据指准确记录所测试数字（避免读错和写错数字）和正确记录数字的位数。在记录测量数据和计算结果时，必须使所保留的有效数字中，只有最后一位数是可疑的数字。

例如：用感量 0.001g 的天平称物体的质量，由于仪器本身能准确称到 ±0.001g，所以物体的质量如果是 10.4g，就应写成 10.400g，不应记作 10.4g。如记作 10.4g，则会被看作该物质的质量是在准确度为 0.1g 的台秤上称出的。

再如：用最小刻度为 1mm 的直尺测量物体长度时，除准确读出毫米数，还可估读 0.1~0.9mm 的一位数，如 4.6mm 或 4.5mm。

B.2　实验数据的计算

分析结果的数值不仅表示试样中被测成分含量的多少，而且还反映了测定的准确程度。所以，记录实验数据和计算结果应保留几位数字是一件很重要的事，不能随便增加或减少位数。例如，筛分法粒度分析中若称取试样质量为 15.00g，经冲泥后得到的试样质量为 11.09g，则其泥质含量为

$$泥质含量 = (15.00-11.09)/15.00 \times 100\% = 26.06666666\%$$

上述分析结果共有 10 位数字，从运算来讲，并无错误，但实验上用这样多位数的数字来表示上述分析结果是错误的，它没有反映客观事实，因为所用的分析方法和测量仪器不可能准确到这种程度。因此必须了解"有效数字"的意义。

实验结果大多是经过测定单项参数后进行计算得出的。由于测量仪器的精度和所取单位不同，各个量记录下的有效数字位数不同，在进行运算时和最后取值时应该遵守有效数字的运算规则和舍入规则。

保证实验结果计算正确的两个关键：

（1）计算公式必须正确。

（2）给出的参数单位与计算式或计算结果要求的单位应相同；不相同时要先进行或最后进行单位间的换算。

实验工作中应注意的问题主要有两点：

（1）正确地选取样品用量和选用适当的仪器。若称取的样品质量为 2~3g 时，用千分之一的天平已能满足称量准确度的要求：$\pm 0.002/2.000 \times 100\% = \pm 0.1\%$。

（2）正确地表示分析结果。如分析某样品时，称样为 3.5g，两次测得结果：A 为 0.042% 和 0.041%，B 为 0.04201% 和 0.04199%，应采用 A 的结果，为什么？

$\pm 0.001/0.042 \times 100\% = \pm 2\%$（A 的准确度）；$\pm 0.00001/0.04201 \times 100\% = \pm 0.02\%$（B 的准确度）；$\pm 0.1/3.5 \times 100\% = \pm 3\%$（称样的准确度）

A 的准确度与称样的准确度是一致的，而 B 的准确度大大超过了称样的准确度，是没有意义的。所以，应采用 A 的结果。

B.2.1 有效数字的意义及位数

有效数字是指在分析工作中实际上能测量到的数字。记录数据和计算结果时究竟应该保留几位数字，须根据测定方法和使用仪器的准确程度来决定。

例如：岩样质量 18.573g（5 位有效数字）；标准溶液体积 24.41mL（4 位有效数字）。由于千分之一的分析天平能称准至 $\pm 0.001g$，滴定管的读数能读准至 $\pm 0.01mL$，故上述岩样质量应是 $18.573g \pm 0.001g$，标准溶液的体积应是 $24.41mL \pm 0.01mL$，因此这些数值的最后一位都是可疑的，这一位数字也称为"不定数字"。

有效数字的位数，直接与测定的相对误差有关，例如，称得某物的质量为 0.5180g，它表示该物实际质量是 $0.5180g \pm 0.0001g$，其相对误差为 $\pm 0.0001/0.5180 \times 100\% = \pm 0.02\%$。

如果少取一位有效数字，则表示该物实际质量是 $0.518g \pm 0.001g$，其相对误差为 $\pm 0.001/0.518 \times 100\% = \pm 0.2\%$。

数字位数越多，测量也越准确，但超过测量准确度的范围，过多的位数是毫无意义的。

必须指出，如果数据中有"零"时，应分析具体情况，然后才能确定数据中的有效数字：

(1) "零"在数字前时，对有效数字没有影响，仅起定位作用，而 0 本身不算有效数字。例如 123、12.3、1.23、0.123、0.0123、0.00123 等有效数字都是一样多，同是三位。

(2) "零"在有效数字后时，则属于有效数字。

测量值单位改变时，有效数字位数不变。

例如：2.5kg 化为 g，若写成 2500g，就扩大了它的准确度，应写成 $2.5×10^3$g。

(3) "零"在数字当中，也仍然是有效数字。

例如：10.5025g（六位有效数字）；1.0005g（五位有效数字）；0.5000g、31.05%、$6.023×10^2$（四位有效数字）；0.0540g、$1.86×10^{-5}$（三位有效数字）；0.0054g、0.40%（两位有效数字）；0.5g、0.002%（一位有效数字）。

B.2.2 有效数字的运算规则

在处理数据时，常遇到一些准确度不相同的数据，对于这些数据，必须按一定规则进行计算。常用的基本规则是：

(1) 记录测定数值时，只保留一位可疑数字。

(2) 当有效数字位数确定后，其余数字（尾数）应一律弃去。舍弃办法：采用"四舍六入五留双"的规则，即当尾数≤4 时舍去；尾数≥6 时进位；当尾数恰为 5 时，则看保留下来的末位数是奇数还是偶数，若是奇数时就将 5 进位，若是偶数时，则将 5 舍弃。总之，应保留"偶数"，这样可以避免舍入后数字取平均值时又出现 5 而造成系统误差。根据此规则，如将 3.1424、3.2156、5.6235 和 4.6245 处理成四位数时，则分别为 3.142、3.216、5.624 和 4.624。

(3) 计算有效数字位数时，若第一位有效数字等于 8 或大于 8，其有效数字的位数可多算一位。例如 9.37 实际上虽只有三位，但它已接近于 10.00，故可以认为它是四位有效数字。

(4) 有效数字的加减运算：要以小数位数最少的为准，将其他有效数按"舍入规则"写成小数位数相同的数后再进行加减运算。如用不同精度或不同方法测得 3 个同单位的量为 25.64、0.0121、1.05782，求其和。运算时应先将 0.0121、1.05782 按舍入规则写为 0.01 和 1.06 再同 25.64 相加，即：25.64+0.01+1.06=26.71。

(5) 有效数的乘除运算规则：运算时先以有效数字位数最少的数为基准，将其他数按"舍入规则"写成与基准数有效位数相同的数后进行；最后取值时，所取有效数字位数与参加运算的有效数字位数相同。如求 0.0121、25.64、1.05782 的乘积，这 3 个数的有效数字位数分别是 3 位、4 位、6 位，应先将 25.64 和 1.05782 写成 3 位有效数字的数，即 25.6 和 1.06，再进行运算，即 0.0121×25.6×1.06=0.3283456。最终取值只取 3 位有效数字，即 0.328。

(6) 在对数运算中，所取对数位数应与真数有效数字位数相等，如 $\Phi = -\log_2 D$ 的运算中，Φ 的有效数字位数与 D 的相等。

(7) 在所有计算式中常数 π、e 的数值，其有效数字的位数可认为是无限制的，即在计算过程中，需要几位就可以写几位。一些国际定义值，如摄氏温标的零点 T_0 = 273.15K，标准大气压 $p_0 = 1.01325×10^5$Pa 等，被认为是严密准确的数值。利用电子计算器运算时，这些常数、系数等，可视计算器能力，多取几位有效数字，有利于减小计算中的舍入误差。

（8）表示准确度和精密度时，在大多数情况下，只取一位有效数字即可，最多取两位有效数字。

（9）在大量数据的运算中，为使误差不迅速积累，对参加运算的所有数据，可以多保留一位可疑数字（多保留的这一位数字称为"安全数字"）。如计算 5.2727、0.075、3.7 和 2.12 的总和时，根据规则（4），只应保留一位小数，但在运算中可以多保留一位，故 5.2727 应写成 5.27；0.075 应写成 0.08；2.12 应写成 2.12。因此其和为 5.27+0.08+3.7+2.12 = 11.17。然后，再根据规则（2）按"四舍六入五留双"，把 11.17 整化成 11.2。

对于规则（5）中的例子，若是多保留一位可疑数字时，则 0.0121×25.64×1.058 = 0.3282，然后再按"四舍六入五留双"规则，将 0.3282 改写成 0.328。

附录 C 测量不确定度分析方法

C.1 测量不确定度和标准不确定度

测量不确定度：指测量结果变化的不肯定，是表征被测量的真值在某个量值范围的一个估计，是测量结果含有的一个参数，用以表示被测量值的分散性。这种测量不确定度的定义表明，一个完整的测量结果应包含被测量值的估计与分散性参数两部分。例如被测量 Y 的测量结果为 $y±U$，其中 y 是被测量值的估计，它具有的测量不确定度为 U。显然，在不确定度的定义下，被测量的测量结果所表示的并非为一个确定的值，而是分散的无限个可能值所处于的一个区间。

标准不确定度：指用标准差表征的不确定度。测量不确定度所包含的若干个不确定度分量，均是标准不确定度分量，用 u_i 表示。

C.2 标准不确定度的分类和评定

标准不确定度有两类评定方法。其中由一系列观测数据的统计分析来评定的称为 A 类评定，例如重复性试验导致的不确定度分量；另一些分量不是用一系列观测数据的统计分析法，而是基于经验或其他信息所认定的概率分布来评定，称为 B 类评定，例如仪器示值等由仪器自身导致的不确定度分量。

C.2.1 标准不确定度的 A 类评定

A 类评定使用统计分析法评定，其标准不确定度 u 等同于由系列观测值获得的标准差 σ，即 $u=\sigma$。而其测量重复性引起的标准不确定度则为 $u=\dfrac{\sigma}{\sqrt{n}}$，数学上称为平均值的标准差。

例：以实验室内最常见的长度测量为例（附表 C.1），计算 A 类不确定度。

附表 C.1　长度测量数据

次数	1	2	3	4	5	6
L, mm	10.075	10.085	10.095	10.060	10.085	10.080

计算长度测量重复性引起的标准不确定度，记为 u_{L1}。

(1) 根据所给数据计算出长度平均值 $\bar{L}=10.08\,\text{mm}$。

(2) 单次测量的标准差为 $\sigma = \sqrt{\dfrac{\sum_{i=1}^{n}(X-\bar{X})^2}{n-1}} = \sqrt{\dfrac{\sum_{i=1}^{6}(L-\bar{L})^2}{6-1}} = 0.0118(\text{mm})$。

(3) 测量重复性引起的标准不确定度 $u_{L1} = \dfrac{\sigma}{\sqrt{n}} = \dfrac{0.118}{\sqrt{6}} = 0.0048(\text{mm})$。

C.2.2　标准不确定度的 B 类评定

B 类评定法，需要根据实际情况分析，对测量值进行一定的分布假设。可假设为正态分布、均匀分布，还可以为三角分布和反正弦分布，实验室内主要有以下两种情况。

1. 均匀分布

若根据信息，已知估计值 x 落在区间 $(x-a, x+a)$ 内的概率为 1，且在区间内各处出现的机会相等，则 x 服从均匀分布，其标准不确定度为

$$u_x = \dfrac{a}{\sqrt{3}}$$

例：已知上述长度测量所用仪器为误差范围 ±0.004mm 的游标卡尺，求其 B 类不确定度，记为 u_{L2}：

$$u_{L2} = \dfrac{0.004}{\sqrt{3}} = 0.00231(\text{mm})$$

2. 已知标准差的倍数值

当估计值 x 取自有关资料，所给出的测量不确定度 U_x 为标准差的 k 倍时，则其标准不确定度为

$$u_x = \dfrac{U_x}{k}$$

例：某校准证书说明，标称值 1kg 的标准砝码的质量 m 为 1000.00325g，该值的测量不确定度按三倍标准差计算为 240μg，求该砝码质量的标准不确定度。

$$u_x = \dfrac{U_x}{k} = \dfrac{240}{3} = 80(\mu\text{g})$$

C.3　测量不确定度的合成

当测量结果受多种因素影响形成了若干个不确定度分量时，测量结果的标准不确定度用各标准不确定度分量合成后所得的合成标准不确定度 u_c 表示。合成方法如下：

(1) 明确被测量 Y 的估计值 y 是由哪些测得量 x 求得的，即确定函数
$$y=f(x_1,x_2,x_3,\cdots,x_n)$$
(2) 分析测量不确定度的来源，列出对测量结果显著的不确定度分量。

(3) 评定不确定度分量。

① 求出各因素 x_i 对应的标准不确定度 u_{xi}：如 3.2.1 和 3.2.2 中的计算结果皆为标准不确定度。

② 求出标准不确定度分量：在已求得直接测得值 x_i 的标准不确定度 u_{xi} 值后，它对被测量估计值影响的传递系数为 $\frac{\partial f}{\partial x_i}$，则由 x_i 引起的被测量 y 的标准不确定度分量为 $u_i = \left|\frac{\partial f}{\partial x_i}\right| u_{xi}$。依次可以求出 u_1，u_2，u_3，$\cdots$，u_n。

(4) 不确定度合成：测量不确定度由所有标准不确定度分量组成，在已求得各标准不确定度分量的基础上，可以直接算出合成标准不确定度，即被测量 Y 估计值 y 的测量不确定度。合成公式如下：
$$u_c=\sqrt{\sum_{i=1}^{n}u_i^2}$$

C.4 实例分析

C.4.1 选取 3.2.1 和 3.2.2 中的长度测量进行不确定度分析

(1) 被测量为长度，函数表达式为 $y=L$。

(2) 不确定度来源主要有两个方面，重复性试验和仪器自身因素。

(3) 分别求出测量重复性引起的标准不确定度 $u_{L1}=0.0048\text{mm}$，游标卡尺测量误差引起的标准不确定度为 $u_{L2}=0.00231\text{mm}$。

(4) 由于直接测量对象只有长度 L，它对被测量估计值影响的传递系数为 $\frac{\partial f}{\partial L}=1$。所以可得 $u_1=u_{L1}=0.0048\text{mm}$，$u_2=u_{L2}=0.00231\text{mm}$。

(5) 不确定度合成：$u_c=\sqrt{u_1^2+u_2^2}=0.0053(\text{mm})$。

(6) 用合成标准不确定度评定长度测量的不确定度，则测量结果为 $L=10.08\text{mm}$，$u_c=0.0053\text{mm}$。

C.4.2 选取实验室常见的圆柱体体积进行不确定度分析

1. 测量方法

直接测量圆柱体直径 D 和高度 h，由以下函数关系式计算出圆柱体的体积：
$$V=\frac{\pi D^2}{4}h$$

用误差范围 $\pm 0.004\text{mm}$ 的游标卡尺重复 6 次测量直径 D 和高度 h，测得数据如附表 C.2 所示。

附表 C.2 体积测量数据

次数	1	2	3	4	5	6
D，mm	10.075	10.085	10.095	10.060	10.085	10.080
h，mm	10.105	10.115	10.105	10.110	10.110	10.115

2. 不确定度评定

分析测量方法，对体积 V 的测量不确定度影响显著的因素主要有：直径 D 的测量重复性引起的不确定度分量 u_1、高度 h 的测量重复性引起的不确定度分量 u_2、游标卡尺误差引起的不确定度分量 u_3。其中 u_1 和 u_2 应采用 A 类评定方法，u_3 应采用 B 类评定方法。

3. 各因素引起的不确定度分量计算

(1) 直径 D 的测量重复性引起的不确定度分量 u_1。

单次测量的标准差为 $\sigma = \sqrt{\dfrac{\sum_{i=1}^{n}(X-\overline{X})^2}{n-1}} = \sqrt{\dfrac{\sum_{i=1}^{6}(D-\overline{D})^2}{6-1}} = 0.0118 (\text{mm})$。

标准不确定度 $u_{D1} = \dfrac{\sigma}{\sqrt{n}} = \dfrac{0.118}{\sqrt{6}} = 0.0048 (\text{mm})$。

直径 D 对被测量估计值影响的传递系数为 $\dfrac{\partial V}{\partial D} = \dfrac{\pi D}{2} h = 160$。

则直径 D 测量重复性引起的不确定度分量 $u_1 = \left|\dfrac{\partial V}{\partial D}\right| u_{D1} = 0.77 (\text{mm}^3)$。

(2) 高度 h 的测量重复性引起的标准不确定度分量 u_2。

单次测量的标准差为 $\sigma = \sqrt{\dfrac{\sum_{i=1}^{n}(X-\overline{X})^2}{n-1}} = \sqrt{\dfrac{\sum_{i=1}^{6}(h-\overline{h})^2}{6-1}} = 0.00447 (\text{mm})$。

标准不确定度 $u_{h2} = \dfrac{\sigma}{\sqrt{n}} = \dfrac{0.00447}{\sqrt{6}} = 0.0018 (\text{mm})$。

长度 h 对被测量估计值影响的传递系数为 $\dfrac{\partial V}{\partial D} = \dfrac{\pi D^2}{4}$。

则长度测量重复性引起的不确定度分量 $u_2 = \left|\dfrac{\partial V}{\partial h}\right| u_{h2} = 0.14 (\text{mm}^3)$。

(3) 游标卡尺误差引起的不确定度分量 u_3。

已知游标卡尺的误差范围为 $\pm 0.01\text{mm}$，取均匀分布，则其标准不确定度为

$$u_{卡尺} = \dfrac{0.01}{\sqrt{3}} = 0.0058 (\text{mm})$$

由此引起的直径和高度测量的标准不确定度分量分别为

$$u_{3D} = \left|\dfrac{\partial V}{\partial D}\right| u_{卡尺} \quad ; \quad u_{3h} = \left|\dfrac{\partial V}{\partial h}\right| u_{卡尺}$$

则游标卡尺的误差引起的体积测量不确定度分量为

$$u_3 = \sqrt{(u_{3D})^2 + (u_{3h})^2} = \sqrt{\left(\dfrac{\partial v}{\partial D}\right)^2 + \left(\dfrac{\partial v}{\partial h}\right)^2}\, u_{卡尺} = \sqrt{\left(\dfrac{\pi D}{2}h\right)^2 + \left(\dfrac{\pi D^2}{4}\right)^2}$$

$$u_{卡尺} = 1.04(\text{mm})$$

4. 不确定度合成

$$u_c = \sqrt{u_1^2 + u_2^2 + u_3^2} = 1.3(\text{mm}^3)$$

5. 不确定度测量结果

$$V = 806.8\text{mm}^3, u_c = 1.3\text{mm}^3$$

附录 D 教学实验室安全防护知识

测井岩石物理实验涉及的安全问题主要是水、电、气、化学试剂,以及分析化验过程中的安全问题。在测井岩石物理的教学实验室,安全防护的内容主要是防火、防爆炸、防化学中毒腐蚀和防灼伤。

D.1 防火防爆措施

D.1.1 防爆措施

教学实验室需采取以下防爆措施:

(1) 实验室内不要保存大量易燃溶剂,少量的也须密闭后放在远离火源、电源和热源的阴凉处。

(2) 使用易挥发可燃试剂(如乙醚、丙酮、石油醚、乙醇等)时,要尽量防止其挥发,要保持室内通风良好,绝不能在明火附近倾倒、转移这类易燃试剂。

(3) 高温物体如灼热的坩埚或燃烧管等,要放在安全地方。

(4) 加热易燃试剂时,必须用水浴、砂浴或用电热套,绝不能用明火。如果加热有可能达到被加热物质的沸点,则必须加入沸石以防爆沸。

(5) 在蒸馏可燃性物质时,将水充入冷凝管内,并确信水流已稳定时,再旋开开关加热。在蒸馏过程中要时刻注意仪器和冷凝管的工作状态,保证冷凝管内水流流畅。

(6) 身上或手上沾有易燃物时,应立即清洗干净,不得靠近明火,以防着火。落有氧化剂溶液液滴的衣服,应注意及时予以清除。

(7) 要遵守安全用电规程,防止因电火花、短路、超负荷引起线路起火。

(8) 要定期检查电器设备、电源线路是否正常,应重点检查电源插头、插座、线路接头部位是否有发热、焦化现象,尤其是用电量较大的大型仪器的线路或电接触部位,发现问题应及时找专业维修人员修理或更换元件。

(9) 使用电热恒温设备时,应确保控制系统正常,并经常检查加热温度。

(10) 易燃气体(如氢气等)钢瓶,绝不要直接放在室内使用,应放在室外低温处使用和保管,不得与其他易燃物放在一起,移动或起用时不得激烈振动,高压气体的出气口不准对着人。

D.1.2 灭火注意事项

以下是教学实验室需要注意的灭火事项:

(1) 比水轻、不溶于水的易燃与可燃液体,如石油烃类化合物和苯等芳香族化合物失火时，用化学泡沫灭火剂扑灭，如火势不大，可用二氧化碳灭火剂、干粉灭火剂，但禁止用水灭火。

（2）溶于水或稍溶于水的易燃与可燃液体如醇类、醚类、酯类、酮类等失火时，如数量不多可用雾状水、化学泡沫、皂化泡沫、二氧化碳和化学干粉灭火剂灭火，其中以皂化泡沫最为有效。

（3）电气设备及电线着火时，如配电盘着火，首先切断电源，使用四氯化碳或二氧化碳灭火剂灭火。

（4）回流加热时，如因冷凝效果不好，易燃蒸气在冷凝器顶端着火，应先切断加热源，再行扑救，绝对不可用塞子或其他物品堵住冷凝管口。

（5）若敞口的器皿中发生燃烧，应尽快先切断加热源，设法盖住器皿口（最好用石棉布）隔绝空气，使火熄灭。

（6）扑救产生有毒蒸气的火情时（如甲醇、苯、甲苯、氯仿、二硫化碳等发生火灾），要特别注意防毒。

D.2 防化学试剂中毒、腐蚀和灼伤的安全知识

D.2.1 预防化学中毒措施

（1）严格遵守化学试剂的保管、使用制度。一切试剂药品瓶要有标签，剧毒药品须与一般药品分开，并设专柜加锁保管。毒性物质撒落时，应立即全部收拾起来，并把落过毒物的桌子和地板洗净。

（2）凡能产生刺激性、腐蚀性、有毒或恶臭气体的操作，必须在通风柜中进行，头部应该在通风橱外面。否则，可能引起危害健康的人身事故。凡有必要使用防毒面具的工作地点应悬挂一个防毒面具，以备分析人员急需时戴用。

（3）有毒药品切勿触及伤口或误入口内。严禁将鼻子接近瓶口鉴别试剂。操作结束后，必须仔细洗手。

（4）严禁食具和仪器互相代用。如曾使用毒物进行工作，则离开实验室时要仔细洗手和漱口。

（5）出现化学中毒情况时必须急救中毒者。如果是由于吸入毒性气体，那么应立即把中毒者移到新鲜空气中；如果中毒是由于吞入毒物，那么最有效的办法是借呕吐以排除胃中的毒物。

D.2.2 防止腐蚀、化学灼烧、烫伤措施

测井岩石物理实验中常用的腐蚀类刺激性试剂有各种强酸、强碱（如硫酸、盐酸、氢氧化钠、氢氧化钾）、浓氨水、氢氟酸、冰醋酸和溴水等。预防化学腐蚀、化学灼烧、烫伤的措施有：

（1）取用时尽可能戴上橡皮手套和防护眼镜等，如瓶子较大，搬运时必须一手托住底部，一手拿住瓶颈。腐蚀性物品不得在烘箱内烘烤。

（2）开启大瓶液体试剂时，禁止用它物敲打，以免瓶子破裂，从大瓶试剂中移出液体时，要用特备的虹吸管。

（3）稀释硫酸时必须在烧杯等耐热容器内进行，而且必须在玻璃棒不断搅拌下，

仔细缓慢地将浓硫酸加入水中，严禁将水加注到硫酸中去；在溶解氢氧化钠、氢氧化钾等发热物时，也必须在耐热容器内进行。如需将浓酸或浓碱中和，则必须先行稀释。

（4）在压碎或研磨苛性碱和其他危险物质时，要注意防范小碎块或其他危险物质碎片溅散，以免严重烧伤眼睛、面孔或身体的其他部位。

D.3 其他有关安全及防护常识

D.3.1 实验室安全规程

（1）实验室内必须装设通风橱、防尘罩、消防灭火器材等各种安全设施，并应定期检查，保证可靠好用。

（2）实验室内各种仪器、器皿应有确定位置，不得任意堆放与移动，以免错拿错用。

（3）熟悉仪器、设备的性能和使用方法，严格遵守安全使用规则和操作规程，认真填写使用登记表。

（4）使用易燃、易爆和剧毒试剂时，必须按有关规定进行操作。

（5）清洗实验仪器时，应注意不使含有剧毒试液的废液直接倾入下水道，必要时可先经适当转化处理，再行清洗排放。

（6）使用电、气、水、火时，应按有关使用规则进行操作以保证安全。

（7）实验室内不准吸烟。下班前要检查水、电、气、门、窗是否关好。

（8）实验室发生意外事故时，应迅速切断电源、火源，立即采取有效措施，及时处理，并上报有关领导。

D.3.2 实验室安全用水要求

水在实验过程中主要用于洗涤、溶剂和冷却作用。分析间中要防止自来水的跑、冒、漏，以免造成仪器及其他物品的损伤。在蒸馏抽提法测含水量或洗油实验过程中，水用作冷却剂，实验过程中，一要防止冷却水压力过大，造成管线的损坏、跑水；二要防止停水或水压过低，造成仪器局部温度升高、冷却效率降低、热蒸汽挥发，而影响实验结果的准确性。

D.3.3 实验室安全用电要求

电是实验过程中不可缺少的条件之一。实验过程中的电主要用作照明、加热、制冷以及动力能源。在实验过程中应遵守以下用电规则：

（1）在使用电动机械设备前，应检查开关、线路、安全地线等各部分的设备零件是否安全妥当，运转情况是否良好。

（2）开始工作或停止工作时，必须将开关彻底扣严或拉下。

（3）经常检查用电设备和线路是否正常，防止漏电造成电的击伤和触电。

（4）电力设备发生过热现象，应立即停止运转。

（5）停止电流供应时，要关闭一切加热和其他电气仪器。

（6）注意电线的干燥度，遵守使用电气仪器的规程，离开房间，要切断电加热仪器的电源。

（7）在实验室内不要有裸露的电线头，不要用它接通电灯、仪器或电动机。

（8）严禁用铁柄毛刷或湿布清扫电器与开关。

（9）各种用电设备必须安装地线。

（10）在更换熔断丝时，要按负荷量选用合格熔断丝，不得加大或以铜丝代替熔断丝使用。

（11）配电开关箱内，不准放任何物品，以免导电燃烧。

（12）检查、修理电器设备时，应切断电源，严禁带电操作。

D.3.4 实验室安全用气要求

（1）各种钢瓶应定期进行技术检验，并盖有检验钢印，不合格的钢瓶不能灌气。

（2）装有氢气或其他可燃气体的钢瓶不应进楼房和实验室。钢瓶应避免日晒，不准放在热源附近，距离暖气片至少1m。钢瓶要直立放置，用架子、套环固定。

（3）搬运钢瓶时应套好防护帽和防震胶圈，不得摔倒和撞击，以避免因撞断阀门而引起的爆炸。

（4）使用钢瓶时必须上好合适的减压阀，拧紧螺纹，不得漏气。氢气表与氧气表结构不同，螺纹相反，不准改用。氧气钢瓶阀门及减压阀严禁黏附油脂。

（5）开启钢瓶阀门时应先检查减压阀螺杆是否松开，操作者必须站在气体出口的侧面。严禁敲打阀门，关气时应先关闭钢瓶阀门，放尽减压阀中气体，再松开减压阀螺杆。

（6）工作时，必须经常注意压力表的读数。

（7）钢瓶内气体不得用尽，应留有不少于0.1MPa的剩余残压，以免充气和再使用时发生危险。

D.3.5 实验室内急救方法

1. 触电急救方法

发生触电后，应迅速使触电者脱离电源，立即进行现场抢救。

（1）脱离电源的方法：拉下或切断电源；用干燥的木杆或竹竿等绝缘物挑开电源。

（2）现场抢救应对症救治：若伤势较轻，可以使其安静休息，并密切观察；若伤势较重，无知觉，无呼吸，但心脏有跳动，应进行人工呼吸，并立即请医务人员到场抢救。

2. 急性苯中毒的抢救

急性苯中毒时会出现植物神经系统功能失调症，如多汗、心动过速或过慢，以及血压波动等，应立即进行人工呼吸、吸氧或送医院治疗。

思考及作业题

1. 解释名词：燃烧、着火、闪燃、闪点、自燃、自燃点、爆炸。
2. 易燃液体的特点是什么？
3. 油层物性实验中引发火灾和爆炸的因素有哪些？
4. 消防器材的使用方法是什么？

5. 化学毒物中毒的途径有哪些?
6. 实验室安全规程有哪些?
7. 实验室安全用电要求有哪些?
8. 实验室安全用气要求有哪些?
9. 触电和急性苯中毒的急救措施是什么?

参 考 文 献

[1] 陈颙, 黄庭芳, 刘恩儒. 岩石物理学 [M]. 合肥: 中国科学技术大学出版社, 2009.
[2] 沈平平, 秦积舜, 等. 油层物理实验技术 [M]. 北京: 石油工业出版社, 1995.
[3] 顾贵成, 郭冬梅, 马玉东. GGA-1P 型洗油仪的研制 [J]. 石油仪器, 2000, 14 (6): 29-31.
[4] 韩学辉, 李峰弼, 戴诗华, 等. 基于 CO_2 置换的低渗透储层岩心饱和方法研究 [J]. 石油实验地质, 2014, 36 (6): 787-791.
[5] 韩学辉, 杨龙, 王洪亮, 等. 一种实用的溶解气驱岩心洗油方法 [J]. 石油实验地质, 2013, 35 (1): 111-114.
[6] 韩学辉, 杨龙, 侯庆宇, 等. 一种分散泥质胶结疏松砂岩的人工岩样制作新方法 [J]. 地球物理学进展, 2013, 28 (6): 2944-2949.
[7] 韩学辉, 匡立春, 何亿成, 等. 岩石电学性质实验研究方向展望 [J]. 地球物理学进展, 2005, 20 (2): 348-356.
[8] 韩学辉, 李来林, 杨龙, 等. 塔南凝灰质火山碎屑岩储层岩石物理试验研究 [J]. 中国石油大学学报 (自然科学版), 2012, 36 (3): 69-75.
[9] 韩学辉, 李峰弼. 一种免刻度的高温高压液体声速透射测量方法及装置 [J]. 中国石油大学学报 (自然科学版), 2015, 39 (3): 57-61.
[10] 韩学辉, 李峰弼, 等. 离心法和隔板法测量低渗透储层饱和度指数的比较研究 [J]. 中国石油大学学报 (自然科学版), 2014, 38 (6): 47-53.
[11] 韩学辉, 袁兆羽, 杨建平, 等. 提高实验室纵波幅度测量精度的方法研究 [J]. 西南石油学院学报, 2004, 26 (6): 77-79.
[12] 何更生. 油层物理 [M]. 北京: 石油工业出版社, 1994.
[13] 胡荣泽. 粉末颗粒和孔隙的测量 [M]. 北京: 冶金工业出版社, 1982.
[14] 柯式镇, 何亿成, 王解益. 岩石气体孔隙度测量不确定度分析 [J]. 计量学报, 2007, 28 (2): 177-179.
[15] 林光荣, 邵创国, 王小林. 洗油时间对低渗特低渗储层孔渗的影响 [J]. 特种油气藏, 2005, 12 (3): 86-90.
[16] 刘宗恩, 王建军, 王忠平. 洗油仪中虹吸管的设计 [J]. 石油仪器, 2007, 21 (1): 14-15.
[17] 路智勇, 韩学辉, 张欣, 等. 储层物性下限确定方法的研究现状与展望 [J]. 中国石油大学学报 (自然科学版), 2016, 40 (5): 32-42.
[18] 张开洪, 陈福煊, 陈一健. 抽真空饱和方法对岩石电阻率测量的影响 [J]. 西南石油学院学报 (自然科学版), 1994, 16 (1): 110-114.
[19] 中国石油天然气总公司劳资局. 油层物性实验工 [M]. 北京: 石油工业出版社, 1997.
[20] 万金彬, 杜环虹, 孙宝佃, 等. 低孔隙度低渗透率岩心欠饱和对岩电实验参数的影响分析 [J]. 测井技术, 2006, 30 (6): 503-505.

[21] 朱建，李兴，刘桂阳，等.岩心洗油装置安全节能措施改造［J］.石油仪器，2008，22（2）：95-96.

[22] 于宝，宋延杰，韩有信，等.混合泥质砂岩人造岩样的实验测量［J］.大庆石油学院学报，2006，30（4）：91-94.

[23] 杨胜来，魏俊之.油层物理学［M］.北京：石油工业出版社，2004.